高等学校教材

C语言程序设计
实训教程

○ 李辉勇　李　莹　孙笑寒　宋　友　主编

中国教育出版传媒集团

高等教育出版社·北京

内容提要

"C语言程序设计"是一门实践性很强的基础课程,学习者需要通过大量的编程训练才能深入理解C语言原理,提升编程能力,培养计算思维。

本书是《C语言程序设计——原理与实践》(ISBN:978-7-04-058842-2)的配套实训教程,内容覆盖了C语言编程快速入门、编程基础框架、数据处理基础、控制结构、函数、数组、指针基础、指针进阶、结构与联合、文件与文件流和综合训练,内容由浅入深、循序渐进。每一题都包括了问题分析、实现要点和参考代码,力求引导编程初学者快速入门,并逐步使能力得到提升。此外,为方便读者实践训练,笔者在Online Judge(OJ)编程训练平台上免费开放与本书配套的程序设计实训专版,构建"学、练、测"一体化实训环境。

本书以实训为主,与《C语言程序设计——原理与实践》一起可作为普通高等院校本科C语言程序设计课程的教材,也适合作为广大编程爱好者的参考用书。

图书在版编目(CIP)数据

C语言程序设计实训教程/李辉勇等主编. -- 北京:高等教育出版社,2023.2

ISBN 978-7-04-059878-0

Ⅰ. ①C··· Ⅱ. ①李··· Ⅲ. ①C语言 - 程序设计 - 教材
Ⅳ. ① TP312

中国国家版本馆CIP数据核字(2023)第015661号

C Yuyan Chengxu Sheji Shixun Jiaocheng

| 策划编辑 | 武林晓 | 责任编辑 | 武林晓 | 特约编辑 | 薛秋丕 | 封面设计 | 张申申 |
| 版式设计 | 童 丹 | 责任绘图 | 杨伟露 | 责任校对 | 刘娟娟 | 责任印制 | 高 峰 |

出版发行	高等教育出版社	网 址	http://www.hep.edu.cn
社 址	北京市西城区德外大街4号		http://www.hep.com.cn
邮政编码	100120	网上订购	http://www.hepmall.com.cn
印 刷	北京市密东印刷有限公司		http://www.hepmall.com
开 本	787mm×1092mm 1/16		http://www.hepmall.cn
印 张	13		
字 数	310千字	版 次	2023年2月第1版
购书热线	010-58581118	印 次	2023年2月第1次印刷
咨询电话	400-810-0598	定 价	33.00元

C语言
程序设计
实训教程

李辉勇　李　莹
孙笑寒　宋　友
主　编

1　计算机访问 http://abook.hep.com.cn/1852166，或手机扫描二维码、下载并安装 Abook 应用。

2　注册并登录，进入"我的课程"。

3　输入封底数字课程账号（20位密码，刮开涂层可见），或通过 Abook 应用扫描封底数字课程账号二维码，完成课程绑定。

4　单击"进入课程"按钮，开始本数字课程的学习。

C 语言程序设计实训教程

李辉勇　李　莹　主编
孙笑寒　宋　友

"C 语言程序设计实训教程"数字课程与纸质教材一体化设计，紧密配合。数字课程涵盖程序源代码和在线编程平台，充分运用多种媒体资源，极大地丰富了知识的呈现形式，拓展了教材内容。在提升课程教学效果的同时，为学生学习提供思维与探索的空间。

　　课程绑定后一年为数字课程使用有效期。受硬件限制，部分内容无法在手机端显示，请按提示通过计算机访问学习。

　　如有使用问题，请发邮件至 abook@hep.com.cn。

扫描二维码
下载 Abook 应用

http://abook.hep.com.cn/1852166

前　言

　　信息化、智能化的时代背景促使程序设计已成为高校"新工科"人才培养的基础课程。C语言作为一种生命力强大的编程语言,具有高效和灵活的独特优势,被众多高校选为程序设计入门的工具。所谓"纸上得来终觉浅,绝知此事要躬行",要培养学生良好的计算思维,使其适应信息时代发展,提升解决复杂工程问题的能力,需要经过一个强化的实践过程,这是本书编写的初衷。

　　本书作为《C语言程序设计——原理与实践》一书的配套实训教程,是在北京航空航天大学(以下简称北航)程序设计大类培养课程教学过程中逐步形成的。本书以强化计算思维训练,培养和提高学生解决实际问题的编程能力为目标,绝大部分题目精选于北航程序设计大类课程近5年的实践教学内容,集知识性和趣味性于一体,在内容编排上力求循序渐进,较为全面地覆盖C语言程序设计的知识点。通过训练,引导学生深入理解C语言的原理,掌握程序设计的基本方法和技巧,培养良好的编程习惯,达到从入门到能力提高的目的,为后续专业知识的学习和创新活动的开展奠定坚实的基础。

　　本书共11章,100道题,每章的知识点是配套理论教材的巩固和扩展。第1章主要围绕C语言编程的入门级概念开展训练,使读者能够编写具有完整功能的简单程序。第2章和第3章主要包括数据的表示、存储和处理,使读者能根据C语言编程基础框架,结合已有的数学和逻辑知识编写具有一定逻辑和数据处理功能的简单程序。第4章侧重于结构化程序设计训练,使读者能够根据问题的业务逻辑选择合适的控制结构,编写出结构良好的程序,为后续解决较复杂问题做准备。第5章主要通过函数的设计和使用培养读者深入理解模块化编程思想,为编写更大规模的程序奠定基础。第6章主要是数组应用,包括:一维数组和二维数组的应用以及字符串和字符数组的应用,开启用程序处理大量数据之旅。第7章和第8章围绕指针应用展开训练,使读者深入理解指针与变量以及指针与地址的关系,了解指针编程带来的便捷和高效,开启编写优美程序之门。第9章引入结构与联合,构造复合数据结构,踏上追求程序效率之路。第10章主要介绍文件相关知识,进一步加深对文件与文件流的理解。第11章主要是针对相对综合问题的编程训练,其目的是希望读者能进一步体会问题分析、方案设计在编程中是不能忽视的重要部分。

　　为方便本书读者实践训练,笔者在Online Judge(OJ)编程训练平台免费开放与本书配套的程序设计实训专版,构建"学、练、测"一体化实训环境。

　　对容易混淆的知识点,或特别重要的编程要点,单独凝练出来,以编程提示的形式提醒读者,以加深学习印象。本书丰富的内容和编程提示,进一步增强了本书的实用性。

　　本书编写期间得到了多方的帮助和鼓励。首先,感谢课程组全体教师和助教。在大团队式教学实践中,课程组的20位教师和百余名助教贡献了很多智慧,包括题目设计、题目审核、题解整理、学生反馈等。本书主要由四位作者撰稿和编写。

　　宋友策划和部署了本书的编写,对全书进行了知识体系梳理、结构设计和选题建议,给出了撰写样章,对本书的编写提供了全程指导,编写了第 11 章的部分内容以及十余道题目的代码,校订了全书。李辉勇负责全书较多内容的编写,包括第 1 ~ 4、7、8 章以及第 11 章的部分内容,并对全书进行了统稿。李莹编写了第 5、6 章和第 11 章的部分内容。孙笑寒编写了第 9、10 章和第 11 章的部分内容,并对第 8 章进行了校订。陈博胆和徐凡两位助教参与了书中部分代码的整理和优化。课程组的另外 17 位教师是:方宁、荣欣、宋晓、任磊、陈高翔、樊江、李可、邓志诚、刘禹、孙青、王君臣、肖文磊、谢凤英、张勇、谭火彬、路新喜、原仓周,五年教学中的助教超过百名,限于人数太多就不一一列出助教姓名,他们都对本书做出了应有的贡献,在此一并表示诚挚的谢意。

　　最后,特别感谢这五年来一万多名选课同学的认可,他们是本书题目的首批实践者。这五年来,本课程提供了 2 000 余道上机练习题目。从同学们的积极反馈中,我们精选了 100 道题目,并进行重新编排和设计,构成了本书的内容。正是广大同学的认可和鼓励,才使本书最终得以完成,也希望本书能帮助后来的学习者取得更大的进步,收获更多编程的快乐。

　　在本书编写过程中,我们力求准确严谨,但难免存在疏漏之处,恳请读者不吝指正。

笔　者

2022 年初夏　于北京

目　录

第1章　编程快速入门

本章主要围绕 C 语言编程的一些基本概念开展训练,其中,C 语言的基本概念包括:数据类型与表示(整数类型、实数类型),数据输入、输出,基本运算(数学运算、关系运算),判断语句、循环语句等。通过本章训练使读者能够编写具有完整功能的简单程序。

1.1　初识 C 语言编程:第一个程序

编程输出一个字符串:I love you,C!

输入:无

输出:I love you,C!

难度等级:*

问题分析:本题主要考查最基本的 C 语言程序,掌握 IDE 编程工具的使用和编程的基本流程。仿照输出 Hello World! 的程序,使用 C 语言中的标准输出函数 printf( ) 输出题目中要求的字符串。

实现要点:在具体实现时,使用标准库函数 printf( ) 需要引入头文件 stdio.h,如参考代码第 1 行。每一条程序语句以分号结束,如参考代码第 5 行和第 7 行。另外,编程时注意检查手动输入字符串的正确性。

参考代码:

```
1    #include <stdio.h>
2
3    int main()
4    {
5        printf("I love you, C!\n");
6
7        return 0;
8    }
```

⟶ 编程提示 1　如果是在 OJ(Online Judge)平台上做题时,建议直接复制题目中要求输出的字符串或数据到程序中,以免输入错误。

特别说明:为简化,本书后文中的参考代码,大部分只给出核心代码部分,核心代码前后的一些基本代码将不再重复给出(即类似本例中第 1 ~ 4 行,第 6 ~ 8 行这样的基本代码将不再重复)。

1.2　初识 C 语言编程：简单格式化输入输出

编写程序，输入年、月、日三个数字，输出 "My birthday is xxxx.xx.xx"。

输入：一行，三个用空格隔开的整数 y，m 和 d（1000≤y≤9999，1≤m≤12，1≤d≤31 且满足对应年月的日期有效性）分别对应年、月、日。

输出：一行，一个字符串 "My birthday is xxxx.xx.xx"（不包括引号），当月、日不足两位时，需要在首位补 0。

样例：

样例输入 1	样例输出 1
2000 11 16	My birthday is 2000.11.16
样例输入 2	样例输出 2
2010 5 6	My birthday is 2010.05.06

难度等级：*

问题分析：本题主要考查 C 语言程序基本的格式化输入和输出。在输出字符串程序的基础上，增加输入语句，根据输入的日期，按要求输出。

实现要点：输入数据可以使用 C 语言输入标准库函数 scanf( )（该标准函数需要使用的头文件也是 stdio.h），如参考代码的第 2 行。在输出月和日时使用占位符 %02d 进行格式化输出，以满足不足两位的数在首位补 0 的要求，并同时注意输出要求中年月日之间的点要原样输出，具体见参考代码的第 3 行。此外，使用 scanf( ) 输入普通变量的值时，需要特别注意：

（1）变量前一定要加取地址符 &，获取变量的地址作为 scanf( ) 函数的参数，表示将输入的数据存放到变量对应的地址中。

（2）以输入整数为例，如果输入两个或多个变量的值，则各个占位符 %d 之间不要有空格。

（3）不同数据类型，使用的占位符不同，如 double 型使用 %lf，float 型使用 %f，char 型使用 %c。

参考代码：

```
1    int y, m, d;
2    scanf("%d%d%d", &y, &m, &d);                    // 连续输入多个数据
3    printf("My birthday is %d.%02d.%02d\n", y, m, d);   // 格式化输出
```

1.3　基本的算术运算：简单的数学计算

输入两个整数 a 和 b，编程输出 a+b+a*b 的结果。

输入：一行，两个用空格分隔的整数 a 和 b（-10^4≤a，b≤10^4）。

输出：一行，一个数，表示 a+b+a*b 的结果。

样例:

样例输入	样例输出
1 2	5

样例说明:输入的 a 是 1,b 是 2,1+2+1*2=5,所以输出 5。

难度等级:**

问题分析:本题主要考查典型的"输入 – 处理 – 输出"结构编程。和上一题目类似,不同的是本题需要将输入的数据进行简单的算术运算后再输出其运算结果,增加了一个对数据的处理要求。

实现要点:使用 scanf( ) 函数实现两个整数的输入,然后按题目要求的表达式计算结果,最后使用 printf( ) 函数把结果输出,如参考代码第 3 ~ 5 行。另外,因为题目限制了 a 和 b 的输入范围为 $-10^4 \leqslant a, b \leqslant 10^4$,所以 a+b+a*b 的结果不会超出整数的表示范围,可直接使用 int 声明变量。

参考代码:

```
1    int a, b, ans;
2
3    scanf("%d%d", &a, &b);
4    ans = a + b + a * b;
5    printf("%d\n", ans);
```

1.4 基本的算术运算:四则运算

输入两个整数 a 和 b,计算 a+b,a-b,a*b,a / b。

输入:一行,两个整数 a 和 b,其中 $0 \leqslant a, b \leqslant 10000$ 且 $b \neq 0$。

输出:四行,每行一个等式,等式格式形如 1+2=3。

样例:

样例输入	样例输出
15 6	15+6=21 15−6=9 15*6=90 15 / 6=2

难度等级:**

问题分析:本题主要考查基本输入输出和简单的算术运算。在 C 语言中如果是两个整型变量相除,其结果仍为整型,值为 a 除以 b 的商。由于题目中给出 a 和 b 的数据范围为 $0 \leqslant a$, $b \leqslant 10000$ 且 $b \neq 0$,所以运算结果在整数范围内,并且不用考虑除数为 0 的特殊情况。

实现要点:在具体实现时,使用 printf( ) 函数分别将加、减、乘、除四个运算结果输出,如参考代码中的第 5 ~ 8 行。注意,按题目要求需要将整个计算等式一同输出。

参考代码:

```
1    int a, b;
2
3    scanf("%d%d", &a, &b);
4
5    printf("%d + %d = %d\n", a, b, a + b);
6    printf("%d - %d = %d\n", a, b, a - b);
7    printf("%d * %d = %d\n", a, b, a * b);
8    printf("%d / %d = %d\n", a, b, a / b);
```

1.5 基本的判断结构:简单的除法运算

给出非负整数 a 和 b,计算 a 除以 b 的商和余数。

输入:一行,两个非负整数 a 和 b,$0 \leqslant a, b \leqslant 100$,且 a 和 b 不同时为 0。

输出:一行字符串,如果除数为 0,请直接输出 ERROR. The divisor is ZERO.;否则,请输出 a div b=c ... d,其中 a 和 b 代表题目中的两个非负整数,c 代表得到的商,d 代表得到的余数。

样例:

样例输入 1	样例输出 1
10 3	10 div 3 = 3 ... 1
样例输入 2	样例输出 2
5 0	ERROR. The divisor is ZERO.

难度等级:***

问题分析:本题主要考查使用简单的判断实现除法和模运算。由题目要求可知,该题需要考虑除数为 0 的情况。当除数为 0 时,不能进行除法和模运算,因此需要对输入的数据先进行判断,再进行运算。

实现要点:在具体实现时需要将输入分为两种情况,分别是除数不为 0 和除数为 0,可以使用 if-else 判断结构。当除数为 0 时,直接输出 ERROR. The divisor is ZERO.,结束程序;只有在除数不为 0 时才进行正常的除法和取模运算,并按要求输出运算结果,如参考代码第 10 ~ 12 行。

参考代码:

```
1    int a, b;    //定义变量,a 为被除数,b 为除数
```

```
2     int ans_div, ans_mod;

3

4     scanf("%d%d", &a, &b);

5

6     if(b == 0)    // 当除数 b 为 0 时
7         printf("ERROR. The divisor is ZERO.\n");
8     else          // 当除数 b 不为 0 时
9     {
10        ans_div = a / b;
11        ans_mod = a % b;
12        printf("%d div %d = %d ... %d\n", a, b, ans_div, ans_mod);
13    }
```

1.6 基本的判断结构:计算 ReLU( ) 函数

人工神经网络包含若干"神经元",每个"神经元"接受一个输入,通过一定规则变换后产生一个输出,这种变换规则为激活函数。"神经元"分层排列起来,前一层的输出作为后一层的输入,构成了人工神经网络。ReLU( ) 函数是神经网络中重要的激活函数之一,其定义为:

$$f(x)=\begin{cases}0, & x\leqslant 0\\ x, & x>0\end{cases}$$

编写程序,输入一个整数 x,输出该 ReLU( ) 函数值 f(x)。
输入:一行,一个 int 数据类型范围内的整数 x。
输出:一行,一个整数,代表输入的 x 所对应的函数值 f(x)。
样例:

样例输入 1	样例输出 1
2	2
样例输入 2	样例输出 2
−1	0

难度等级:**
问题分析:本题主要考查程序中的基本判断。ReLU( ) 函数是一个典型的分段函数,所以在具体实现时需要判断 x 的取值,根据 x 不同分段的取值来计算 f(x) 的值。
实现要点:本题的实现与 1.5 题一样。
参考代码片段:

```
1     int x;
```

```
2    scanf("%d", &x);
3    if(x > 0)
4        printf("%d", x);
5    else
6        printf("0");
```

1.7 基本的判断结构:计算损失函数

在基于机器学习的人工智能模型构建中,经常通过最小化损失函数来求解或评估模型,Hinge Loss 是一种常用于支持向量机的损失函数,其表达式为:

$$L(x) = \begin{cases} -x+a, & 若 x \leqslant a \\ 0, & 若 x > a \end{cases}$$

输入 x 和 a,编程计算损失函数 L(x) 的值并输出。另外,可以注意到 L(x) 在 x=a 处不可导,故当输入 x=a 时再额外输出一行 Indifferentiable Point。

输入:一行,用空格分开两个整数 x 和 a,其中 $-100 \leqslant x \leqslant 100, 0 \leqslant a \leqslant 50$。

输出:一行或两行,按要求输出 L(x) 的数值,必要时再输出一行字符串 Indifferentiable Point。

样例:

样例输入 1	样例输出 1
−1 2	3
样例输入 2	样例输出 2
3 2	0
样例输入 3	样例输出 3
2 2	0 Indifferentiable Point

难度等级:***

问题分析:本题主要考查程序中的基本判断。根据题目要求需要依次判断 x 大于 a 和 x 小于或等于 a,并且当 x 小于或等于 a 时,需要进一步判断 x 是否等于 a,来确定是否需要输出 Indifferentiable Point。可以使用 if-else 结构,也可以使用多个 if 语句进行分类判断,要注意覆盖所有情况。

实现要点:当使用 if-else 结构实现时,注意将 x 小于或等于 a 的处理语句用大括号 {} 括起来,例如参考代码 1 中的第 7 ~ 11 行。其中的 x==a 不能写成 x=a。使用多个 if 语句实现时请见参考代码 2 片段,该代码片段可以替换参考代码 1 中的第 4 ~ 11 行,其他行不变。

参考代码 1:

```
1    int a, x;
2
3    scanf("%d%d", &x, &a);
4    if(x > a)
5        printf("0");
6    else
7    {
8        printf("%d", -x + a);
9        if(x == a)
10            printf("\nIndifferentiable Point");
11   }
```

参考代码 2 片段:

```
1    if(x > a)
2        printf("0");
3    if(x <= a)
4        printf("%d", -x + a);
5    if(x == a)
6        printf("\nIndifferentiable Point");
```

➡ 编程提示 2　在 C 语言中,符号 = 表示赋值,将该符号右边的值赋值给左边的变量,符号 == 表示关系相等判断,编程时误把 x==a 写成 x=a 在语法上是对的,但逻辑上完全不同,会造成结果出现错误,须特别注意。

1.8　基本的循环结构:数字密码破译

把由数字组成的一串密文根据 ASCII 码破译成一个字符串。

输入:一行,由点串起来的数字序列,每个数字范围介于 [32,126]。

输出:一行,一个字符串,代表破译后的密码。

样例:

样例输入	样例输出
105.108.111.118.101.98.117.97.97.	ilovebuaa

难度等级:***

问题分析:本题主要考查循环结构实现多个数值的输入。数字密码破译过程是输出以该数字为 ASCII 的字符,所以该题的重点是正确输入由点串起来的数字序列。

实现要点:用 scanf( ) 函数输入,可以直接将点"."作为原样字符输入,这样就能在输入时把数字直接存入变量中。此外,题目没有给出一串密文中数字的数量,所以采用循环结构重复使用 scanf( ) 函数进行多个数字的输入,直到输入结束,如参考代码第 2 行,通过判断 scanf( ) 函数的返回值是否为 EOF 来确定输入是否结束。其中 EOF 是 C 语言中的一个宏定义,其值为 −1,是 scanf( ) 函数在读到文件结束时的返回值。从键盘手动输入数据测试时,可以在结束时输入 Ctrl+z(Windows 系统)或 Ctrl+d(Linux 系统)模拟文件结束。

参考代码:

```
1    int a;
2    while(scanf("%d.", &a) != EOF)    //读入整数,存到变量 a 中
3    {
4        printf("%c", a);              //以字符形式输出读入的整数,输出格式控制符为 %c
5    }
```

● 编程提示 3   在自动评测系统中进行代码评测时,所有测试数据均以文件形式输入,用 scanf( ) 函数读到文件结束时,其返回值为 EOF。因此,如果是输入多个数值(个数不确定),通常采用这种格式 while(scanf("< 参数格式 >",< 参数列表 >)!=EOF) 进行输入。

1.9   基本的循环结构:输出倒三角

输入一个除空格外的可见字符,用该字符绘制一个底边长度为 5 的倒三角形。

输入:一行,一个非空格的可见字符。

输出:三行,一个由输入字符组成的底边长为 5 的倒三角形。

样例:

样例输入	样例输出
a	aaaaa 　aaa 　　a

难度等级:***

问题分析:本题主要考查简单的循环。输出三行,每一行输出的字符个数是确定的,即第一行 5 个,第二行 3 个,第三行 1 个。由于要输出的行数与每行要输出的字符个数都较少,所以本题可以有两种解法:

方法 1 实现要点:在具体实现时直接使用 printf( ) 函数输出,需要注意每行除输出可见字符外,在输出第二行和第三行时需要先分别输出 1 个和 2 个空格。具体请见方法 1 参考代码第 4 行。

方法 1 参考代码：

```
1    char x;
2
3    scanf("%c", &x);
4    printf("%c%c%c%c%c\n %c%c%c\n   %c\n", x, x, x, x, x, x, x, x, x);
```

方法 2 实现要点： 上述解法仅是针对输出行数和输出字符个数少时有效,如果行数和字符个数较多,就有必要使用循环结构程序来解决。首先需要清楚每行空格数量与行数,以及每行字符个数与行数之间的关系。假设输出行数为 H,则每行输出的可见字符个数为 $2(H-i)-1$,其中 i 为行循环控制变量,初始值为 0(即 i 为 0 时输出第一行)。本题输出行数为 3(即 H 为 3)。具体实现时,采用两层 for 循环,外层循环控制输出行数,内层循环控制输出每行的空格数和可见字符个数,需注意在每一行内容输出结束后进行换行。当要输出较多,比如 30 行时,显然用方法 1 就不再合适,使用方法 2,直接将代码中的变量 H 赋值为 30 即可,不需要修改其他地方,显示出循环结构的优势。

方法 2 参考代码：

```
1    char c;
2    int i, j, H;
3    H = 3;                                 //输出行数
4
5    scanf("%c", &c);
6    for(i = 0; i < H; i++)                 //控制输出行数
7    {
8        for(j = 0; j < i; j++)             //控制每行输出空格个数
9            printf(" ");
10       for(j = 0; j < 2*(H-i)-1; j++)     //控制每行输出的可见字符个数
11           printf("%c", c);
12       printf("\n");                      //每行结束时换行
13   }
```

1.10 基本的循环结构：简单的成绩统计

有一份某班的成绩单,统计该班的平均分以及不及格(低于 60 分)的人数。计算时,逐个输入每位同学的成绩,并在最后输入 −1 表示结束。输入的成绩是 0 ~ 100 的整数(包括 0 和 100),且平均分是一个整数,运算过程中的数据不会超出 int 范围。

输入:多行,每行一个整数,最后一行为 −1。

输出:两行,第一行为:"Average:%d",%d 为一个整数,表示平均分;第二行为:"Failed:%d",%d 为一个整数,表示不及格人数。

样例:

样例输入	样例输出
94 75 92 87 86 58 59 60 88 71 −1	Average:77 Failed:2

样例说明:这组成绩共包括 9 人,平均分为 77 分,不及格的人数为 2 人。

难度等级:***

问题分析:本题主要考查简单的循环和判断,需要循环读入多个同学的成绩数据,每输入一个同学的成绩,就判断其是否及格,对不及格同学进行统计。此外,在输入时,还需计算已输入成绩的总和,并记录输入的数量,便于最后计算平均分。

实现要点:在具体实现时,可采用 while 实现循环读入多个同学的成绩数据,循环结束条件为输入特殊标记 −1,见参考代码第 3 行。当输入不是 −1 时,进入循环体,判断输入分数是否及格,如果低于 60 分,则不及格人数加 1(参考代码第 5、6 行)。此外,将每次输入的分数进行累加求和,学生人数加 1(参考代码第 7、8 行)。在循环体结束时再通过 scanf( ) 函数读入一个新的成绩,然后返回到 while 循环头判断是否输入结束,确定是否再次进入循环。

参考代码:

```
1    int score, num = 0, sum = 0, fail = 0;
2    scanf("%d", &score);
3    while(score != -1)              //判断是否输入结束(-1 为结束标记)
4    {
5        if(score < 60)
6            fail = fail + 1;        //统计不及格人数
7        sum = sum + score;          //累加所有学生的总和
8        num = num + 1;              //统计学生人数
9        scanf("%d", &score);
10   }
```

```
11   printf("Average:%d\n", sum/num);//输出平均成绩
12   printf("Failed:%d", fail);      // 输出不及格人数
```

1.11 本章小结

　　本章通过 10 个简单题目旨在训练 C 语言编程的基本步骤、基本结构，简单的变量定义、算术运算、关系运算，简单的判断和循环语句以及基本输入输出等知识的入门级概念与用法。本章给出了编程前进行问题分析的基本思路和方法，也针对初学者容易出错的地方给出了若干编程提示。

第 2 章　编程基础框架

本章主要包括数据的表示及其范围、基本的算术运算、简单的字符处理以及一维数组入门等 C 语言的基本语法。通过本章的训练,读者能根据 C 语言编程基础框架,结合已有的数学和逻辑知识编写具有一定逻辑功能的简单程序。

2.1　转义符输出:简单颜表情

编程输出一个字符串:I love you,C! *"\\(^o^)//"*,C!.

输入:无

输出:I love you,C! *"\\(^o^)//"*,C!.

难度等级:*

问题分析:本题主要考查带有转义符的字符串输出。与简单输出 Hello World! 的程序类似,但不同的是输出字符串中部分字符需要通过转义符才能按题目要求输出。

实现要点:对于本题,使用标准输出函数 printf( ) 输出双引号(")和反斜线(\)字符时,需要使用转义符才能正确输出,即把每一个双引号写成 \",每一个反斜线写成 \\,才能正确输出,例如参考代码片段。常用的转义符请参考理论教材 [1] 表 2-1。

参考代码片段:

```
printf("I love you,C! *\"\\\\(^o^)//\"*, C!.");  // " 和 \ 需要通过转义符输出
```

2.2　数据类型与运算:三角形周长

在平面直角坐标系中有三个点,编程计算由这三个点组成的三角形的周长。

输入:三行,每行两个浮点数,由空格分隔,分别表示三角形的三个顶点的坐标,对于任意一个顶点的坐标(x,y),其中 $-10^5 \leqslant x,y \leqslant 10^5$,并且输入的三个坐标点不共线。

输出:一行,一个浮点数,表示三角形的周长(保留两位小数)。

样例:

输入	输出
0.0 0.0 0.0 3.0 4.0 0.0	12.00

难度等级:*

问题分析:本题主要考查格式化输出和简单算术运算。首先分别计算三个顶点两两之间的距离,然后相加,计算出三角形的周长。

实现要点:在具体实现时,三个顶点的输入可以分别使 scanf("%lf%lf",&x,&y) 语句读入每个顶点坐标的两个浮点数。在计算两点的距离时,可以使用数学中两点之间的距离公式,公式中的开方计算可以使用标准库函数 sqrt(x) 实现,注意在使用该函数时,需要把 math.h 头文件引入。最后三角形周长的计算结果使用 printf("%.2f",d) 的方式输出一个浮点数并保留两位小数。

参考代码:

```
1   #include <stdio.h>
2   #include <math.h>
3
4   int main()
5   {
6       double x1, y1, x2, y2, x3, y3;
7
8       scanf("%lf%lf", &x1, &y1);              //输入顶点坐标
9       scanf("%lf%lf", &x2, &y2);
10      scanf("%lf%lf", &x3, &y3);
11
12      double d1=sqrt((x1-x2)*(x1-x2)+(y1-y2)*(y1-y2));   //计算边长
13      double d2=sqrt((x1-x3)*(x1-x3)+(y1-y3)*(y1-y3));
14      double d3=sqrt((x2-x3)*(x2-x3)+(y2-y3)*(y2-y3));
15
16      printf("%.2f\n", d1+d2+d3);
17
18      return 0;
19  }
```

说明:为简化,本书后文中的大部分代码,包含头文件这样的代码将不再重复给出。

2.3 数据类型与运算:三角形面积的平方

一个三角形的三边长分别是 a、b、c,那么它的面积为 $\sqrt{p(p-a)(p-b)(p-c)}$,其中 $p=(a+b+c)/2$。输入这三个数字,计算三角形的面积的平方,即 $p(p-a)(p-b)(p-c)$,四舍五入精确到 1 位小数。$1 \leq a,b,c \leq 1000$,每个边长输入时不超过 2 位小数,并且一定能构成三角形。

输入:n+1 行,第 1 行为一个正整数 n(n≤100)。接下来 n 行,每行 3 个浮点数,即三角形三条边的长度。

输出:n 行,每行为一个三角形的面积的平方,保留 1 位小数。

样例:

输入	输出
2 3 4 5 6 8 10	36.0 576.0

难度等级:*

题解分析:本题主要考查循环控制多行输入和简单的算术运算。输入的数据组数为 n,因此本题每次输入的数据直接按题意计算三角形面积的平方即可。注意数据类型需要使用 double 类型以及结果保留一位小数。

实现要点:多组数据输入,一般可直接用 while(n--) 或 for(i=0; i<n; i++) 作为循环头控制重复使用 scanf( ) 函数完成输入,其中 n 是已知需要输入的数据组数,例如参考代码中的第 5 行。每组输入的数据与它之前和之后输入的数据在计算时无关联,不需要使用数组存放输入的数据。

参考代码:

```
1    double a, b, c, p, ans;
2    int n, i;
3
4    scanf("%d", &n);
5    for(i = 0; i < n; i++)              // 循环控制多行输入
6    {
7        scanf("%lf%lf%lf", &a, &b, &c);
8
9        p = (a+b+c)/2;
10       ans = p*(p-a)*(p-b)*(p-c);
11
12       printf("%.1f\n", ans);          // 结果保留 1 位小数
13   }
```

◉ 编程提示 4   关于控制多行数据输入的情况基本分两类:确定行数和不确定行数。

对于确定行数的情况,一般可能有两种:① 题目给定具体的行数,当行数不多时,这种可以用多个 scanf( ) 函数输入即可,比如题 2.2 三角形周长,题目给定只有 3 行输入;当行数多时,可以通过循环控制重复使用 scanf( ) 函数输入。② 题目没有给定具体行数,但给定有 n 行,其中 n 的值是需要输入确定的,则可以使用循环语句 while(n--) 或 for(i=0; i<n; i++) 控制重复使用 scanf( ) 函数完成输入,本题就属于这种情况。

对于不确定行数的情况,一般也可能有两种:① 以特殊标记结束输入的情况,比如题 1.10 简单的成绩统计,题目给定以输入 −1 结束,则使用 while 循环判断输入数据是否为特殊标记,

如果不是则重复使用 scanf() 函数输入,直至输入特殊标记为止。② 以文件结束作为输入结束的不确定行输入,使用 scanf() 函数输入,当文件输入结束时,其返回值为 EOF(即 -1,注意,这里的 -1 是 scanf() 的返回值,跟输入数值 -1 的含义不一样,若是输入 -1,scanf() 返回的值是 1),所以一般使用 while(scanf("%d",&x) != EOF) 或者 while(~scanf("%d",&x)) 作为循环头控制循环体完成题目任务,其中 scanf() 函数的参数根据具体的题意而定,比如题 2.4 有向立方和。

2.4 数据类型与运算:有向立方和

给出一组整数 $a_1, a_2, ..., a_n$,输出其有向立方和,这组数前 n 项有向立方和 S_n 定义为:

当 $n=1$ 时:
$$S_1 = \begin{cases} -a_1^3, & \text{若} a_1 \text{为奇数} \\ a_1^3, & \text{若} a_1 \text{为偶数} \end{cases}$$

当 $n>1$ 时:
$$S_n = \begin{cases} S_{n-1} - a_n^3, & \text{若} a_n \text{为奇数} \\ S_{n-1} + a_n^3, & \text{若} a_n \text{为偶数} \end{cases}$$

输入:n 行,每行一个整数 a_i,其中 $1 \leq n \leq 100, -10^5 \leq a_i \leq 10^5$。
输出:一行,一个整数,表示输入中所有整数 $a_1, a_2, ..., a_n$ 的有向立方和 S_n。
样例:

样例输入 1	样例输出 1
3 4 5	−88
样例输入 2	样例输出 2
−3 −4 −5	88

样例说明:样例 1: $-3^3 + 4^3 - 5^3 = -88$;样例 2: $-(-3)^3 + (-4)^3 - (-5)^3 = 27 - 64 + 125 = 88$。
难度等级:*
问题分析:数据读入后,根据 S_n 的公式计算即可,在计算时需要先判断 a_i 是奇数还是偶数。一般使用对 2 取模,如果模为 0 则为偶数,否则为奇数。
实验要点:计算中可能出现多个整数的立方和,其结果可能会超出整数类型的表示范围,所以该题需要使用长整型数据类型的变量存储计算结果,即 long long 类型,其数据范围比 int 数据类型更大(int 类型的数据范围为: $-2^{31} \sim 2^{31}-1$,long long 类型的数据范围为: $-2^{63} \sim 2^{63}-1$)。在使用 scanf() 和 printf() 进行长整型数的输入和输出时,其占位符为 "%lld"。
参考代码:

```
1    long long a;              //为了避免 a*a*a 超出 int 范围,故定义为 long long 型
```

```
2     long long s = 0;
3
4     while(scanf("%lld", &a) != EOF)   //循环读入,直到文件结束
5     {
6         if(a % 2 == 0)                //判断数的奇偶
7             s += a*a*a;               //等价于 s = s+a * a * a;,这里 += 称为赋值运算符
8         else
9             s -= a * a * a;
10    }
11    printf("%lld", s);
```

2.5   数据类型与运算:零花钱

第一天给 1 元;之后两天,每天给 2 元;之后三天,每天给 3 元……这种零花钱方案会一直延续下去,当每天给的零花钱达到 15 元时就不会再增加(即再往后每天都是 15 元零花钱)。编程计算在前 k 天里(包括第 k 天),按该方案一共有多少零花钱。所有数据均在 int 范围内。

输入:一行,一个非负整数 k,表示给零花钱的天数。

输出:一行,一个整数,表示收到的零花钱。

样例:

样例输入 1	样例输出 1
6	14
样例输入 2	样例输出 2
121	1255

难度等级:***

问题分析:这是一道比较有趣的数学题,此题主要考查通过循环控制的数学模拟问题,其中 15 元钱是个分界点,所以需要加入判断。根据题目条件,可以把问题转换为数字金字塔求和问题,其数字金字塔如图 2-1 所示。

实现要点:根据图 2-1 数字金字塔所示,第 1 行有 1 个数 1,第 2 行有 2 个数 2,第 3 行有 3 个数 3……第 14 行有 14 个数 14,当到第 15 行时,所有的数都是 15。编程时,可以先判断出 k 天属于哪一行(参考代码第 4 ~ 7 行),之后将 k 天所在行之前的所有行的数字(即零花钱)加起来(参考代码第 8 ~ 11 行),然后再与 k 天所在行的数字(即零花钱)求和(参考代码第 12 行)。

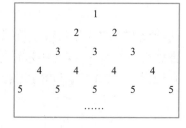

图 2-1   数字金字塔

参考代码:

```
1    int i = 1, j, k, sum = 0;
2
3    scanf("%d", &k);
4    while((i *(i+1)/2) <= k && i < 15)
5    {
6        i++;                              //计算 k 天所在的"行数"
7    }
8    for(j = 1; j <= i-1; j++)             //把 k 所在行之前的所有行的零花钱加起来
9    {
10       sum += j*j;
11   }
12   sum += (k - (i * (i-1) / 2)) * i;     //再把 k 所在行的零花钱加起来
13   printf("%d", sum);
```

2.6 数据类型与运算:棋子跳出圆圈

一个棋子处在二维平面的 (x_0,y_0) 处。现在有一个以 (p,q) 为圆心,半径为 R 的圆。这个棋子想要跳出这个圆,但它并不知道边界在哪里,棋子每次都会确定一个向量 (x_i,y_i),并按照这个方向前进,即从原来的 (x,y) 直接跳到 $(x+x_i,y+y_i)$ 的位置。但是由于某种原因,这个棋子的所有前进都变成了后撤,也就是棋子实际上到达的是 $(x-x_i,y-y_i)$ 的位置。这个棋子并不知情,它还是依次确定了 n 个向量,并准备依次前进。编程判断棋子经过 n 次前进后是否跳出了这个圆。

输入:3+n 行。第一行是一个整数 n,其中 $0 \leq n \leq 1000$;第二行是棋子的初始坐标 (x_0,y_0);第三行是三个数,分别为圆心坐标 p、q 和半径 R,其中 $p,q \in [-10^6,10^6]$,$0 \leq R \leq 10^9$,均为整数;接下来 n 行,第 i 行是一个向量 (x_i,y_i),其中 $i \in [1,n]$,$x_i,y_i \in [-10^6,10^6]$,均为整数。

输出:如果棋子最终能跳出这个圆,输出棋子的最终位置 (x,y);如果没有跳出,则输出 "No way!"。如果棋子恰好处在圆的边界上,则认为它还是没有跳出这个圆。

样例:

样例输入 1	样例输出 1
5 2 3 0 0 8 6 2 -2 3 -3 -7 4 -2 -9 6	No way!

续表

样例输入 2	样例输出 2
4 1 0 1 −2 5 4 0 −2 −1 1 −7 0 2	(−2,6)

难度等级:***

问题分析:本题主要考查基本算术运算。根据题意,最终坐标的求法为: $x = x_0 - \sum_{i=1}^{n} x_i$,

$y = y_0 - \sum_{i=1}^{n} y_i$ 。判定最终坐标是否在圆内时,可以根据距离公式,即如果 $\sqrt{(p-x)^2 + (q-y)^2} \leqslant R$,

就输出 "No way!";否则输出 (x,y) 。

实现要点:在具体实现时,直接使用开根号会出现浮点数,不便于比较,所以不妨两边同时平方,即 $(p-x)^2 + (q-y)^2 \leqslant R^2$ (第 17 行)。此外,根据输入数据的范围可知,最终坐标的计算结果可能超出 int 数据类型的表示范围,所以需要定义 long long 数据类型的变量存放计算结果。

参考代码:

```
1    int n, i;
2    long long x0, y0;  //开始为初始坐标,随着棋子运动,其值不断变化,最后为最终坐标
3    long long r;       // 圆半径
4    int p, q;          // 圆心
5    int xi, yi;
6
7    scanf("%d", &n);   //n 为要输入的向量组数
8    scanf("%lld%lld", &x0, &y0);
9    scanf("%d%d%lld", &p, &q, &r);
10
11   for(i = 1; i <= n; i++)
12   {
13       scanf("%d%d", &xi, &yi);
14       x0 -= xi;
15       y0 -= yi;
16   }
17   if( ( p - x0 ) * ( p - x0 ) + ( q - y0 ) * ( q - y0 ) <= r * r )
18       printf("No way!\n");
```

```
19   else
20       printf("(%lld,%lld)\n", x0, y0);
```

2.7 数据类型与运算:买西瓜

甲、乙、丙、丁四人买西瓜,一共有四个西瓜。甲说第一个和第二个瓜甜,乙说第一个瓜不甜第三个瓜甜,丙和丁也加入讨论哪个瓜才是甜的。在甲、乙、丙、丁每个人都对四个西瓜中的两个西瓜做出了判断后,善良的卖瓜老板告诉他们:"四个瓜里面只有一个是甜的,你们每个人都只说对了一半。"四个人哑口无言,静下来思考到底哪个瓜才是甜的。编程帮他们找出来。

输入:多组输入(不超过十组),每组共四行,每行包含四个用空格分隔的非负整数,分别为四人对西瓜的判断。每行第 1、3 个数 i,j∈{1,2,3,4},表示第 i、j 个西瓜;每行第 2、4 个数 ∈{0,1},分别表示第 i、j 个西瓜是否是甜瓜,1 代表甜,0 代表不甜。已知四个瓜都有被提及,并且最终的答案有且仅有一个。

输出:每组对应一行输出,每行一个正整数,表示甜瓜是第几个。

样例:

输入	输出
1 1 2 1	
1 0 3 1	
2 1 3 1	
1 1 4 0	2
1 1 3 1	1
2 0 4 1	
1 0 2 0	
2 1 3 0	

样例说明:第一组数据中,第 1 行数据表示:第一个人认为第一个瓜是甜的,第二个瓜也是甜的;第 2 行数据表示:第二个人认为第一个瓜不甜,第三个瓜是甜的……以此类推。由于每个人都只说对了一半,并且四个瓜里只有一个瓜是甜瓜,因此检验得到只有第二个瓜是甜瓜。

难度等级:***

题解分析:本题主要考查巧用逻辑表达式。每个西瓜都只有甜与不甜两个状态,所以分别用数字 1 和 0 表示,根据每人判断的情况进行逻辑检验。

实现要点:在具体实现时,可以定义一个数组,每个数组元素分别代表 1 个西瓜,其数组元素的值为 1 或者 0,分别表示西瓜甜与不甜。可以定义 16 个变量来存放题中每组输入的 16 个数据。由于甜西瓜只有 1 个,所以每次不重复地任意假定某一个西瓜为甜瓜,其余三个为非甜瓜,通过 4 次循环逻辑检验即可得出结果(参考代码 1 的第 12 ~ 21 行)。为了方便循环存取数据,也可以定义数组 x 和数组 y 分别存放 4 个人判断的西瓜编号和西瓜对应的状态,具体可见参考代码 2。

参考代码 1：

```
1    int i;
2    int a1,a2,b1,b2,c1,c2,d1,d2;              //分别存放 4 个人判断的西瓜编号
3    int wa1,wa2,wb1,wb2,wc1,wc2,wd1,wd2; //分别存放 4 个人判断的西瓜对应的状态
4    int w[5] = {0};    //w[1] 代表第 1 个西瓜,w[2] 代表第 2 个西瓜,……,w[0] 舍弃
5
6    while(scanf("%d%d%d%d", &a1, &wa1, &a2, &wa2) != EOF)
7    {
8        scanf("%d%d%d%d", &b1, &wb1, &b2, &wb2);  //输入每个人的判断
9        scanf("%d%d%d%d", &c1, &wc1, &c2, &wc2);
10       scanf("%d%d%d%d", &d1, &wd1, &d2, &wd2);
11
12       for(i = 1; i <= 4; i++)
13       {
14           w[i] = 1; //假设 i 个西瓜甜
15           if((w[a1] == wa1) + (w[a2] == wa2) == 1 &&
16              (w[b1] == wb1) + (w[b2] == wb2) == 1 &&
17              (w[c1] == wc1) + (w[c2] == wc2) == 1 &&
18              (w[d1] == wd1) + (w[d2] == wd2) == 1)
19                printf("%d\n", i);
20           w[i] = 0; //每次假设 1 个西瓜甜,为便于下次循环,将第 i 个西瓜重新置为 0
21       }
22   }
```

参考代码 2 片段：

```
1    int x[10] = {0};    //存放 4 个人判断的西瓜编号
2    int y[10] = {0};    //存放 4 个人判断的西瓜对应的状态
3    int w[5] = {0};     //w[1] 代表第 1 个西瓜,w[2] 代表第 2 个西瓜……
4
5    while(scanf("%d%d%d%d", &x[1], &y[1], &x[2], &y[2]) != EOF)
6    {
7        for(i = 3; i <= 8; i += 2)
8            scanf("%d%d%d%d", &x[i], &y[i], &x[i+1], &y[i+1]); //输入每个人的判断
9
10       for(i = 1; i <= 4; i++)
11       {
12           w[i] = 1; //假设 i 个西瓜甜
13           //数组元素同样可以作为另一个数组的下标
```

```
14          if((w[x[1]] == y[1]) + (w[x[2]] == y[2]) == 1 &&
15              (w[x[3]] == y[3]) + (w[x[4]] == y[4]) == 1 &&
16              (w[x[5]] == y[5]) + (w[x[6]] == y[6]) == 1 &&
17              (w[x[7]] == y[7]) + (w[x[8]] == y[8]) == 1)
18                  printf("%d\n", i);
19          w[i] = 0;  //每次只假设1个西瓜甜,为便于下次循环,将第i个西瓜重新置为0
20      }
21  }
```

2.8 字符与 ASCII 码:大小写转换

给定一个长度未知的字符串 A(含空格),对它进行大小写转换后得到字符串 B 并输出。对 A 的每个字符大小写转换定义:若字符为小写字母,将其转换为大写字母;若字符为大写字母,将其转换为小写字母;若字符既不是小写字母,又不是大写字母,则保持不变。

输入:一行,长度若干的字符串 A(含空格),其长度小于或等于 100000,并且不可见字符只有空格。

输出:一行,字符串 A 经大小写转换操作后得到的字符串 B。

样例:

样例输入 1	样例输出 1
To be or not to be,that's a question.	tO BE OR NOT TO BE,THAT'S A QUESTION.
样例输入 2	样例输出 2
abCDeFg1234567	ABcdEfG1234567

难度等级:**

问题分析:本题主要考查字符处理。该题一行输入中有若干个字符,数量不确定,所以可以使用 while(scanf("%c",&ch) != EOF) 或者 while((ch=getchar( )) != EOF),逐个读入字符 ch,遇到文件结束时为止,通过对输入字符的 ASCII 码值判断,确定其是大写字母,或者小写字母,或者非字母,然后分别进行处理。

实现要点:对每个输入字符 ch 进行判断和处理时,与其前后的输入字符无关,因此在具体实现时,可以边输入边处理边输出,不用使用数组存储。对于大小写字母转换,可以通过字母的 ASCII 码值运算得到,小写字母的 ASCII 码减 32 转换为对应的大写字母(参考代码第 5 行)。同理,大写字母的 ASCII 码加 32 转换为对应的小写字母(参考代码第 7 行)。此外,参考代码中第 4 行和第 6 行是典型的字母大小写判断方式,有必要牢记,在需要时进行复用。

参考代码:

```
1  char ch;
2  while(scanf("%c", &ch) != EOF)
```

```
3    {
4        if(ch >= 'a' && ch <= 'z')           //判断 ch 是否为小写字母
5            printf("%c", ch - 32);
6        else if(ch >= 'A' && ch <= 'Z')      //判断 ch 是否为大写字母
7            printf("%c", ch + 32);
8        else
9            printf("%c", ch);
10   }
```

2.9 字符与 ASCII 码:字符密码破译

有一段只包括英文字母的字符序列,通过分析发现,这是通过简单加密的文件。解密方法是:按字母表顺序进行交换。即如果是小写字母,则把 a 变换为 z,b 变换为 y,…,z 变换为 a;如果是大写字母,则把 A 变换为 Z,B 变换为 Y,…,Z 变换为 A。

输入:一行,一个只包括英文字母的字符序列(0< 字符序列长度 <50)。

输出:一行,一个解密后的字符序列。

样例:

样例输入 1	样例输出 1
abcdABCD	zyxwZYXW
样例输入 2	样例输出 2
rOlevYfzz	iLoveBuaa

难度等级:**

问题分析:本题主要考查简单的字符处理。字符的输入和处理方式和 2.8 大小写转换题目类似。

实现要点:在进行字符处理时,由于 26 个字母在 ASCII 码表中是连续编码的,当输入的字符 ch 为大写字母时,根据解密的规则(字符 A 变换为 Z,B 变换为 Y,……,Z 变换为 A)容易发现一个规律,即 A+Z=B+Y=C+X=…=155,因此,输入为 ch 时,可以使用 155-ch 计算得到对应题目要求的输出字母。当输入的字符 ch 为小写字母时,同理,可以使用 219-ch 计算得到对应题目要求的输出字母。具体可参考代码片段中第 2 ~ 5 行的两个 if 判断语句。

参考代码:

```
1    char ch;
2    if((ch >= 'A') && (ch <= 'Z')) //判断 ch 是否为大写字母
3        printf("%c", 155 - ch);
4    if((ch >= 'a') && (ch <= 'z')) //判断 ch 是否为小写字母
5        printf("%c", 219 - ch);
```

2.10 字符与 ASCII 码:加密

约定一种信息加密规则,输入明文字符串 A,整数密钥 K,输出密文字符串 B,A 和 B 都只由小写字母 a ～ z 组成,根据以下规则编写加密程序:

(1) 字符串 A 和 B 中的字母 a ～ z 分别表示数值 0 ～ 25;

(2) 对于明文字符串 A 中的每一个字母,按如下规则计算出密文字符串 B 中对应的字母:

$$B' = (A' + K*(M-13)) \bmod 26$$

其中,A' 是明文字符串 A 中当前需加密字母对应的数值,K 是密钥,M 是 A' 的上一个字母加密后的数值,B' 是加密后字母代表的数值。特别的,如果 A' 是 A 的第一个字母,那么 M=1。

(3) 此处约定,mod 取模运算的结果是一个最小非负整数。由于 C 语言中的取模运算,负数对正数取模的结果仍然是负数,例如 $-6 \% 5 = -1$。所以为了使结果为正数在此做类似 $-6 \% 5 = -6 \% 5 + 5 = 4$ 的处理。

输入:两行,第一行一个整数 K($1 \leqslant K \leqslant 2000000000$),表示密钥。接下来一行字符串,表示明文字符串 A,A 中只有小写字母,字符串长度不超过 100。

输出:一行,表示加密后的密文字符串 B。

样例:

样例输入 1	样例输出 1
19990903 know	uszm
样例输入 2	样例输出 2
19990526 have	rofc

样例说明:样例 1 中,第一个需要加密的字符为 "k",对应数值为 10,密钥 K=19990903,M=1;计算得到密文对应数值:B'=(10+19990903*(1-13)) mod 26=20,则数值 20 对应的字符为 "u";后面根据 M 变化依此类推。

难度等级:**

问题分析:本题主要针对循环、字符和加密操作进行训练,通过训练进一步熟悉循环读入字符以及字符处理。在读取明文字符串时,可以用读取一整行字符串的形式,也可以用逐个读取字符的方式,参考代码中使用了后者。读入数据后,依照题意对每个字符进行处理,其中关键是找到字母字符与数值之间的转换方式。

实现要点:具体实现时,先使用 while(scanf("%c",&ch) != EOF) 逐个读入字符,遇到文件结束时为止。对于小写字母 ch 转换为数值,可以使用 ch-'a' 或者 ch-97,这样 a ～ z 的小写字母就分别对应数值 0 ～ 25;对于数值 m 转换为小写字母,可以使用 m+'a',这样 0 ～ 25 的数值就分别对应小写字母 a ～ z,如代码第 12、13 行。另外,在计算密文时需要注意取模的运算,对于取模运算具有性质:$(A \pm B) \% P = (A\%P \pm B\%P) \% P$ 和 $(A \times B) \% P = (A\%P \times B\%P) \% P$,依据此性质,可以对模运算进行变形,如代码第 12 行。

参考代码：

```
1    #include <stdio.h>
2    #define P 26
3    int main ()
4    {
5        int k, m = 1;
6        char ch;
7        scanf("%d", &k);
8        getchar();                              //清除输入数字后面的换行符
9
10       while(scanf("%c", &ch) != EOF && ch != '\n') //循环读入,直到文件结束为止
11       {
12           m = ( ( ch - 'a' + k % P * ( m - 13 ) % P ) % P + P ) % P; //计算密文
13           putchar( m + 'a' );
14       }
15       return 0;
16   }
```

2.11 简单的一维数组应用：计算上机实验成绩

一次上机实验共 10 道题,每道题的分值分别为 a1,a2,…,a10。但是评测机只反馈了每道题所得分的百分比 b1,b2,…,b10。编程计算这次上机实验得了多少分。

输入：两行,第一行是用空格分隔的 10 个整数 a1,a2,…,a10,表示每道题的分值;第二行是用空格分隔的 10 个整数 b1,b2,…,b10,表示每道题得分的百分比(%),其中 $1 \leqslant ai, bi \leqslant 100$,且均为整数。

输出：一行,一个数,表示这次上机实验的得分(结果保留两位小数)。

样例：

输入	输出
20 10 10 10 10 10 10 10 10 10 100 90 80 70 60 50 50 0 0 0	60.00

样例说明：得分为：

$$20 \times 100\% + 10 \times 90\% + 10 \times 80\% + 10 \times 70\% + 10 \times 60\% +$$

$$10 \times 50\% + 10 \times 50\% + 10 \times 0\% + 10 \times 0\% + 10 \times 0\% = 60.00$$

难度等级：**

问题分析：本题主要考查简单一维数组的应用。该题需要根据每道题的分值和得分百分

比计算上机实验的总得分。

　　实现要点:通过多个变量存储 10 个题的分值和得分百分比显然比较烦琐,这时可以考虑定义两个数组,分别存放每道题的分值和得分百分比(参考代码第 4 ～ 12 行)。然后采用循环结构遍历数组元素,计算出上机实验的总得分(参考代码第 14 ～ 17 行)。由于多个整数进行运算,其结果仍为整数,所以参考代码在运算中增加了一个浮点数 1.0,使得计算结果隐式转换为浮点数。

　　参考代码:

```
1    int a[10], b[10], i;
2    double sum = 0;
3
4    for(i = 0; i < 10; i++)
5    {
6        scanf("%d", &a[i]);        //输入每道题的分值
7    }
8
9    for(i = 0; i < 10; i++)
10   {
11       scanf("%d", &b[i]);        //输入每道题的得分百分比
12   }
13
14   for(i = 0; i < 10; i++)
15   {
16       sum += 1.0 * a[i] * b[i] / 100.0;  //计算上机实验的总得分
17   }
18
19   printf("%.2f", sum);
```

2.12　本章小结

　　本章主要训练 C 语言编程的基本要素,包括数据表示、数据格式化输入输出以及数据(整数、浮点数以及字符等)处理。为程序初学者奠定编程基础,掌握基本的 IPO(输入—处理—输出)编程框架,后续章节的内容是在本章知识和编程框架基础上的延续和扩展。

第 3 章　数据处理基础

程序设计的主要任务是为了处理各种各样的数据,在学习了编程基础框架的基础上,本章主要针对数据存储、数据编码、位运算、数值转换、浮点数比较以及数组简单应用等相关知识进行训练。进一步加深对数据存储及表示范围的理解,掌握 C 语言程序数据处理的基本原理。

3.1　数据存储与数据编码:数据溢出判断

程序初学者可能经常发现自己的程序会发生数据溢出错误。如每次给出两个数字,编程判断它们相加的结果在 long long 数据类型的范围内是否会溢出。

输入:一行,两个整数 a 和 b,中间用空格隔开,分别代表相加的两个数字,并且两者都在 long long 数据类型(即 $-2^{63} \sim 2^{63}-1$,或 $-9223372036854775808 \sim 9223372036854775807$)的范围内。

输出:一行,当 a+b 正溢出(即 $a+b>2^{63}-1$)时,输出"PO!";当 a+b 负溢出(即 $a+b<-2^{63}$)时,输出"NO!";否则输出两个数字相加的值。

样例:

样例输入 1	样例输出 1
−9223372036854775808 −1	NO!
样例输入 2	样例输出 2
9223372036854775807 −9223372036854775808	−1
样例输入 3	样例输出 3
−9223372036854775808 −9223372036854775808	NO!

样例说明:样例 1,两个数字相加为 −9223372036854775809,超出了 long long 的负数范围,发生了负溢出;样例 2,两个数字相加为 −1,在 long long 的范围内;样例 3,两个数字相加为 −18446744073709551616,发生了负溢出。

难度等级:**

问题分析:本题主要针对数据类型及范围的基础知识进行训练。进一步加深读者对于数据存储及表示范围的理解,掌握如何识别和处理数据"溢出"问题。在解本题时,首先要了解 long long 数据类型的范围是 $-2^{63} \sim 2^{63}-1$,即 $-9223372036854775808 \sim 9223372036854775807$。具体有两种实现方法:

方法 1 实现要点:可以将数据转换为 unsigned long long 类型,求和后进行比较,因为 unsigned long long 类型数据的范围大约是 long long 类型的两倍,所以除了 $(-2^{63}) + (-2^{63})$ 这种特殊情况外,其他数据两两之和在 unsigned long long 数据类型范围内不会溢出。由于 unsigned long long 不能存储负数,在具体实现时可以先对输入数字的符号进行判断:① 如果是两个正数,则将其转换为 unsigned long long 并相加和判断是否溢出;② 如果是两个负数,则将其取反后,再转换为 unsigned long long 并相加和判断是否溢出;③ 如果是一正一负,则它们相加一定不会溢出。

上述的一种特殊情况为,当 $(-2^{63}) + (-2^{63})$ 时,其结果为 (-2^{64}) 恰好超出了 unsigned long long 的范围,因此这组数据需要进行特判。

方法 1 参考代码:

```
1    #define INF 9223372036854775807ull
     // long long 类型的最大值(类型为 unsigned long long)
2    #define NINF -9223372036854775808          // long long 数据类型的最小值
3    #define ULL unsigned long long             // 合理运用宏定义可以简化程序
4    int main()
5    {
6        long long a, b;
7        scanf("%lld%lld", &a, &b);
8        if(a == NINF && b == NINF)
9            printf("NO!\n");                    // 特判一下特殊情况
10       else if(a > 0 && b > 0 && (ULL)a + b > INF)
11           printf("PO!\n");                    // 正溢出
12       else if(a < 0 && b < 0 && (ULL)(-a) + (-b) > INF + 1)
13           printf("NO!\n");                    // 负溢出
14       else
15           printf("%lld\n", a + b);
16       return 0;
17   }
```

方法 2 实现要点:由基本的数学常识可知,对于两个正数相加,如果溢出则一定是正溢出;对于两个负数相加,如果溢出则一定是负溢出;对于一个正数和一个负数,则它们相加一定不会溢出。若定义 long long 数据类型能表示的最小值为 MIN,最大值为 MAX,则对于两个正数 A 和 B,如果 A>MAX-B,那么 A 和 B 相加会出现正溢出,对于两个负数 A 和 B,如果 A<MIN-B,那么 A 和 B 相加会出现负溢出。

方法 2 参考代码:

```
1    #define MAX 9223372036854775807LL
2    #define MIN -9223372036854775808LL
3    int main()
4    {
5        long long a, b;
```

```
6        scanf("%lld%lld", &a, &b);
7        if(a > 0 && b > 0 && a > MAX - b)
8            printf("PO!\n");   // 正溢出
9        else if(a < 0 && b < 0 && a < MIN - b)
10           printf("NO!\n");   // 负溢出
11       else
12           printf("%lld\n", a+b);
13       return 0;
14   }
```

⏩ 编程提示 5　一般对于 C 语言标准中没有做出规定的行为称为未定义行为(undefined behavior,UB),例如有符号数的溢出、数组越界等。对于这些行为,C 语言标准编译器对其自行处理(可能报错,可能忽略,可能进行代码优化),不同平台和编译器在编译运行时可能产生不一样的结果(因为 C 语言标准没有限定这些行为)。在本题中,有符号数的溢出就是一种未定义行为,编译器可以随意处理有符号数溢出的情况,所以一般不建议使用有符号数溢出的规律来判断是否溢出。需要注意的是,无符号数溢出不是未定义行为,在标准中,无符号数的溢出是有明确规定的,其结果与自然溢出的结果相同,即对于 32 位无符号整数而言,$4294967295+1==0$。更多关于未定义行为的问题,读者可自行查找相关资料学习。

3.2　数据存储与数据编码:超大统计

OJ 管理后台可以导出每一次比赛的提交次数 $num_1,num_2,\ldots,num_n$,请统计近 n 次比赛中同学们的总提交次数 $sum=num_1+num_2+\ldots+num_n$,其中 $0\leqslant n\leqslant100$。

输入:多行,每行一个正整数 num_i,表示要统计的第 i 次比赛的提交数。其中 num_i 在 int 类型范围内。

输出:一行,一个整数,表示近 n 次比赛中同学们的总提交次数 sum。

样例:

输入	输出
42342304 102332786 201234372 21343284	367252746

样例说明:如果程序不能通过所有测试点,想一想 int 类型变量能表示的数据范围,是否可能出现溢出。为了避免因溢出导致的错误,可以考虑使用 long long 数据类型。long long 类型的变量通常占 8 字节,表示范围为 $[-2^{63},2^{63})$。在使用 scanf( ) 和 printf( ) 输入和输出 long long 类型数据时,需要使用 %lld 占位符进行格式输入输出。

难度等级:**

问题分析:本题主要考查数据范围以及输入输出。进一步加深读者对于数据存储及表示范围的理解,掌握如何使用更大数据范围的整型数据类型 long long,提升大家对于变量范围的敏感性。

实现要点:本题是多组数据输入,并且数据组数 n 的值不确定,需要通过循环判断是否输入结束 EOF 来控制实现。

参考代码:

```
1    long long num, sum = 0;
2    while(~scanf("%lld", &num))  //或 while(scanf("%lld", &num) != EOF)
3    {
4        sum += num;
5    }
6    printf("%lld", sum);
```

3.3 数据存储与数据编码:计算 a+b

输入 a 和 b 的值,其中 a 和 b 的值均在 long long 数据类型范围内,请编程输出 a+b 的值。

输入:一行,两个数,用空格分开。

输出:一行,输出一个整数,表示输入的两个数的和。

样例:

输入	输出
1 2	3

难度等级:**

问题分析:本题与例 3.1 的知识点相似。本题主要考查数据范围以及输入输出。由于 a 和 b 在 long long 数据类型范围内,所以 a+b 的结果可能会超出 long long 数据类型范围,在解题时需要分析结果溢出的情况。

实现要点:具体可采用以下几个情况进行分析:

情况 1:当 a 和 b 为一正一负时,a+b 的结果肯定不会超出 long long 数据类型的范围,所以正常输出 a+b 即可。

情况 2:当 a 和 b 均为正数时,则 a+b 有可能超过 long long 数据类型的表示范围,导致溢出,输出一个负数。在这种情况下,可使用 unsigned long long 进行类型转换。因为 long long 数据类型的最大值是 $2^{63}-1$,则两个正数相加的最大值是 $2^{64}-2$,而 unsigned long long 的最大值是 $2^{64}-1$,不用担心溢出的问题,所以可采用 unsigned long long 类型输出 a+b 的结果。

情况 3:当 a 和 b 均为负数时,可以定义 unsigned long long 类型的两个变量 tempa 和 tempb,令 tempa=−a 和 tempb=−b,即分别取 a 和 b 的绝对值,然后输出 unsigned long long 类型的 −(tempa+tempb)。这里需要注意的是,当 a 或者 b 取 long long 数据类型的最小值时,其直接取相反数仍然还是 long long 数据类型的最小值,但是使用强制类型转换变成 unsigned long long 数据类型时不受影响,相当于直接取相反数。例如十六进制数 0x8000000000000000,

用 long long 数据类型解释时表示为 -2^{63},对该数直接取相反数仍然为 -2^{63},而用 unsigned long long 数据类型解释时表示为 2^{63}(即 -2^{63} 的相反数),所以直接强制转换即可。但是,当 a 和 b 均为 -2^{63} 时,则需要转入情况 4 进行讨论。

情况 4:当 a 和 b 均为 long long 数据类型的最小值(即 -2^{63})时,则 unsigned long long 数据类型无法表示 a+b 的结果(unsigned long long 数据类型最大可以表示到 $2^{64}-1$),而导致输出错误。所以在解本题时,需要对这种情况进行特判,输出 -2^{64} 对应的值,即 -18446744073709551616。

参考代码:

```
1    long long a, b;
2
3    scanf("%lld %lld", &a, &b);
4    if(a >= 0 && b >= 0)
5    {
6        unsigned long long sum = (unsigned long long) a + b;
7        printf("%llu\n", sum);    //unsigned long long 类型数据采用 %llu 格式输出
8    }
9    else if(((a > 0 && b <= 0)) || ((a <= 0) && (b > 0)))
10   {
11       long long sum = a + b;
12       printf("%lld\n", sum);
13   }
14   else if(a == -9223372036854775808LL && b == -9223372036854775808LL)
15   {
16       printf("-18446744073709551616\n");    //特判,理由见题解分析中的情况 4
17   }
18   else if(a <= 0 && b <= 0)    //特殊情况已经讨论,剩下的可以直接取相反数相加
19   {
20       unsigned long long  tempa = (unsigned long long) (-a);
21       unsigned long long  tempb = (unsigned long long) (-b);
22       unsigned long long sum = tempa + tempb;
23       printf("-%llu\n", sum);
24   }
```

3.4 数据存储与数据编码:判断计算机中的整数二进制位

给出一个 int 类型整数 k,判断它的二进制补码表示的第 n 位(右边最低位是第 0 位)是不是 1。

输入:T+1 行。第一行输入一个非负整数 T($2 \leqslant T \leqslant 10$),表示将有 T 组数需要判断;接下

来 T 行,每行输入一组用空格隔开的整数 k 和 n。其中 k 在 int 数据类型范围内,0≤n≤31。

输出:T 行。对于每组数据,如果 k 的二进制补码表示的第 n 位是 1,则输出 Yes!;否则输出 NO!。

样例:

输入	输出
4 3 0 2147483647 31 -2147483648 31 -1 0	Yes! NO! Yes! Yes!

难度等级:**

问题分析:本题主要训练数据存储、数据编码以及位运算。首先需要注意,本题为多组数据输入,并且是确定性的 T 组数据,所以,需要使用循环结构控制实现,后续训练题目中对确定性多组数据输入的处理方法类似,一定要熟练掌握。另外,因为计算机中的数均是以补码形式存储的,所以在具体编程实现时不用考虑补码的转换。具体有两种解题思路。

方法 1 实现要点:要得到一个第 n 位是 1,其他位是 0 的数,可以考虑使用 $1<<n$ 来实现。将这个数与输入的数 k 进行按位与运算(&),如果输入的数第 n 位是 1,那么按位与运算的结果肯定不等于 0,反之一定等于 0,然后再进行简单的判断,按题意输出即可(参考代码 1 第 6 ～ 9 行)。

参考代码 1:

```
1    int T, k, n;
2    scanf("%d", &T);
3    while(T--)
4    {
5        scanf("%d%d", &k, &n);
6        if(k & (1 << n))   //判断按位与运算的结果是否为 0
7            printf("Yes!\n");
8        else
9            printf("NO!\n");
10   }
```

⊙ 编程提示 6 (1) 在执行判断、循环的时候,非 0 即真值,也就是说,if(-1)表示判断条件为真,将进入该判断下的语句执行,while(-1)表示循环条件为真,将进入循环体执行;(2) 注意输出字符的大小写,当题目要求输出固定字符串时,建议直接从题目中复制,以确保输出格式的正确性。

方法 2 实现要点:本题也可以不用按位与运算,直接通过移位将输入的整数 k 右移 n 位,然后判断最右边第 1 位是否为 1(即移位后的数是否可以被 2 整除)即可,参考代码 2 与参考代码 1 的 6～9 行实现同样的功能,参考代码 2 的其余代码与参考代码 1 完全相同。
　　参考代码 2:

```
if((k >> n) % 2 != 0)   //先通过移位操作,然后判断最右边第 1 位是否为 1
    printf("Yes!\n");
else
    printf("NO!\n");
```

3.5　位运算与数制转换:字节清零

　　一个 32 位 int 型整数通常是由 4 个字节组成的。给定一个 int 型正整数 x,请将其第二个字节清零(代表最低八位的字节是第一个字节)。例如,19260817 的二进制表示为(从高位到低位):00000001 00100101 11100101 10010001,则需要将从右往左数的第二个字节(最右边表示最低 8 位的字节是第 1 个字节),也就是 11100101 清零,最终需要输出的整数的二进制表示为:00000001 00100101 00000000 10010001,即 19202193。

　　输入:一行,一个 int 型的正整数 x。

　　输出:一行,一个正整数,即将 x 的第二个字节清零之后的结果。

　　样例:

输入	输出
19260817	19202193

难度等级:**

　　问题分析:本题主要训练位运算以及相关知识。主要涉及的位运算符包括:&,|,~,<<。例如,按位与 x & a 的作用为选取整数 x 中的特定位(即,保留特定位不变,选哪几位是由 a 决定的),而其他位全部清零。例如 x=01101011(二进制表示),当选取其从右往左的第 0、2、3 位时,则可令 a 的第 0、2、3 位为 1(最右边的位,即最低位表示第 0 位),其他位为 0,即 a=00001101,此时 x & a 的值为 00001001(第 0、2、4 位分别为 1、0、1)。

　　当 x 已知时,要选取哪些位也已知,则生成满足要求的操作数 a 的方法为:

　　(1) 如果只需要选取 x 中的某 1 位,即操作数 a 只需有一个位为 1,那么情况比较简单。设要选取的位是第 m 位(m 的值并不固定),这时可以采用 1<<m 来获取仅有第 m 位为 1 的整数 a。

　　(2) 如果需要让操作数 a 的多个位都为 1,则可以用按位或 | 运算将这多个位结合起来。x|a 可以将 x 中被 a 选定的位(即 a 中为 1 的位)设定为 1,而按位或运算还有一个用处就是将多个数中为 1 的位结合起来,例如 00110011|11001100 可以得到 11111111。

　　综上所述,如果要选取一个数 x 的从最低位起的第 1、3、4 位,可以用(1<<1)|(1<<3)|(1<<4)的方式去生成满足要求的操作数 a。如果不需要 x 的第 1、3、4 位,而是需要清除 1、3、4 位上的 1 时,只需将上述的 a 变为 ~a 即可满足要求,即 a=~((1<<1)|(1<<3)|(1<<4))。

实现要点:对于本题,可以综合应用上述知识。除此之外,还有更简洁的办法,比如:一个字节的二进制数 11110000,对应的十六进制数是 0xF0;两个字节的二进制数 11110000 00001111,对应的十六进制数是 0xF00F。即二进制的 1111 对应十六进制的 F;二进制的 0000 对应十六进制的 0。所以使用十六进制数来做一些题会更简单(即用某一个十六进制数 a 和输入的 x 进行相关的位运算),注意表示十六进制数时,需要加 0x 前缀。

为了清除输入数据从低位往高位的第二个连续 8 位,可以将它和 11111111 11111111 00000000 11111111 进行按位与运算。在 C 语言程序中,不必将这个数字的十进制数算出来,只要在程序里写成十六进制数 0xFFFF00FF(这是一个 unsigned int 类型数据)即可。

参考代码 1:

```
1    int x;
2    scanf("%d", &x);
3    printf("%d", x & 0xFFFF00FF);
```

也可以采用左移和按位或来得到 0xFFFF00FF,如下代码与上述第 3 行等价。
参考代码 2:

```
printf("%d", x & (~((1<<8)|(1<<9)|(1<<10)|(1<<11)|(1<<12)|(1<<13)|(1<<14)|(1<<15))));
```

显然,对此问题,参考代码 2 显得比较累赘。但参考代码 2 能直观地显示需要处理哪些位,含义明确。在解决实际问题时,用哪种实现方法好,通常跟具体问题直接相关。

◉ 编程提示 7   位运算也是运算,和 +、-、*、/ 没什么本质区别,这也意味着它们也可以任意组合。在混合运算中,不清楚优先级时,可以使用小括号。

3.6 位运算与数制转换:位互换

位互换操作是将一个非负十进制整数 a 的二进制表示中的第 m 位和第 n 位互换。举个简单的例子,十进制数 105 的二进制表示为 1101001,将它的第 0 位和第 1 位交换,得到 1101010,用十进制数表示为 106。请编程设计一种位互换计算器。

输入:多行,每行为 a、m、n 三个数,分别用空格隔开,其中非负整数 a 表示被操作数(十进制),非负整数 m 和 n 表示两个需要互换的位。数据不超过 100 行,$0 < a \leqslant 2^{31}-1, 0 \leqslant m, n \leqslant 30$。

输出:按照输入顺序每行输出一组结果,输出被操作数 a 指定位互换后的结果(十进制表示)。

样例:

输入	输出
105 0 1	106
105 1 2	105
105 2 0	108

难度等级:**

问题分析:本题主要针对位运算进行训练,通过训练掌握取出特定位、将特定位设置为0、将特定位设置为一个指定数等基础位运算技能。本题中整个位互换过程可以大致分为三个部分,取出特定位、特定位清零以及修改特定位。注意,涉及位运算符的时候,运算符优先级容易出错,善用括号是一种有效的方法。

实现要点:本题第一步是取出 m 位和 n 位,这可以用 <<、>> 以及 & 运算来实现。代码第4、5行,第7、8行,特定位清零需要先得到一个 m(或 n)位为0、其他位为1的数,将其与 a 进行 & 运算;最后需要将特定位赋予第一步取出的值,见代码第10、11行。

参考代码:

```
1    int a, m, n, m_bit, n_bit, result;
2    while(scanf("%d%d%d", &a, &m, &n) != EOF)
3    {
4        m_bit = (a & (1 << m)) >> m;      //提取 a 的第 m 位
5        n_bit = (a & (1 << n)) >> n;      //提取 a 的第 n 位
6
7        a &= ~(1 << m);                   //将指定位设置为 0
8        a &= ~(1 << n);
9
10       a |= m_bit << n;                  //指定位置指定数
11       a |= n_bit << m;
12
13       printf("%d\n", a);
14   }
```

3.7　位运算与数制转换:扫描条形码

条形码是一种常见的图形标识符。假如有一种特殊的条形码,它可以表示为一个 14 位的 01 序列 $s = s_{13}s_{12}...s_0$,且满足:

(1) 高七位 $s_{13}s_{12}...s_7$ 用于表示第一个信息,且里面一定有奇数个 1。

(2) 低七位 $s_6s_5...s_0$ 用于表示第二个信息,且里面一定有偶数个 1。

显然,如果某次扫描时发现高七位里有偶数个 1,那么可以判定条形码被扫反了,需要将其翻转为 $s_0s_1...s_{13}$ 处理。输入扫描条形码得到的序列,编程输出它的正确序列。

输入:T+1 行,第一行一个整数 T(1≤T≤6),表示数据组数。接下来的 T 行,每行一个整数 n,其二进制数序列 $s_{13}s_{12}...s_0$ 代表将扫描的条形码。输入序列一定合法。

输出:T 行,每组数据输出一个整数,代表将正确序列 $s_{13}s_{12}...s_0$ 看成二进制数时,其对应的十进制数。

样例:

输入	输出
2 299 2020	299 2552

样例说明:第一组数据 299,其二进制序列为 0000010 0101011,高七位与低七位分别有奇数与偶数个 1,因此是正确序列,输出对应的十进制数;第二组数据 2020,其序列为 0001111 1100100,高七位与低七位分别有偶数与奇数个 1,故翻转为 0010011 1111000 后输出对应的十进制数 2552。

难度等级:***

问题分析:本题主要训练位运算以及相关知识,进一步掌握位运算的应用。通过题目分析,题意实际上是分为"统计二进制中 1 的个数"和"将二进制数各位前后翻转"两部分。

实现要点:对于前半部分,可以通过(n>>i)& 1 的方法检查 x 的第 i 位(从 0 标号)是否为 1,如代码第 8 ~ 10 行;对于后半部分,可以依次将其第 0,1,...,13 位取出,并将其分别左移 13,12,...,0 位的结果用按位或拼接在一起,见代码 15 ~ 18 行。

参考代码:

```
1    int T, n, left, i, ans;
2
3    scanf("%d", &T);
4    while(T--)
5    {
6        scanf("%d", &n);
7        left = 0;
8        for(i = 7; i < 14; i++)        //统计高 13...7 位中 1 的个数
9            if((n >> i) & 1)
10               left++;
11       if(left & 1)
12           printf("%d\n", n);
13       else
14       {
15           ans = 0;
16           for(i = 13; i >= 0; i--)   //将每一位 i 依次拿出来,并左移 13 - i 位
17               ans |= ((n >> i) & 1) << (13 - i);
18           printf("%d\n", ans);
19       }
20   }
```

3.8　位运算与数制转换：二进制循环移位

在二进制循环移位中，循环左移操作是将一个非负整数 a 转换为 N 位二进制数后，将最左边的一位置于最低位（即最右边一位），并将其他位整体向左移动一位。例如，将十进制数 105 用 N 位二进制数表示，当 N=8 时，结果为 01101001，进行一次循环左移操作，得到 11010010，用十进制数表示为 210。编程实现一种循环左移万能计算器。

输入：多行，不超过 100 行。每行为 N、k 和 a 三个整数，分别用空格隔开，其中 N 是正整数，$0 < N \leq 32$，表示所使用的二进制位数；k 是非负整数，$k \geq 0$ 且 k 在 int 数据类型范围内，表示循环左移的次数；a 是非负整数，$0 \leq a < 2^N - 1$，表示循环左移的被操作数（十进制）。

输出：按照输入顺序每行输出一组结果，输出当十进制数 a 使用 N 位二进制数表示时，循环左移 k 次后的结果（十进制）。

样例：

输入	输出
10 5 1	32
20 3 524609	2572
20 4 530464	98824

难度等级：****

问题分析：本题主要针对移位的基础知识和利用位运算符取特定位进行训练。按照题意将 a 的 N 位分为 left 和 right 两部分，right 表示移位后没有溢出的部分，left 表示溢出的部分，分别进行不同的操作。

实现要点：在解题时，需要特别注意两点：① 要注意数据范围，k 可能很大，如果逐位移动 k 次，可能会出现 TLE，实际移位次数只需要 k%N 次；② 在定义字面常量（literal constant）1 时，编译器一般会默认其数据类型为 int 型，如果进行 1<<N 的操作，当 N 比较大时，字面常量 1 超出默认的 int 范围，所以需指定字面常量 1 的数据类型，即增加相应的后缀，例如 long 类型为 1L，long long 类型为 1LL，unsigned int 类型为 1U，unsigned long long 类型为 1ULL 等。

参考代码：

```
1    int N, k;
2    unsigned long long a, left, right, result;   //注意数据范围 int 肯定不够用
3
4    while(scanf("%d%d%llu", &N, &k, &a) != EOF)
5    {
6        k = k % N;        //循环左移 k 次,本质上等于循环左移 k%N 次,减少运算量
7        a <<= k;          //将被操作数左移 k 次
8        right = a & ((1ULL << N) - 1); //将溢出 N 位的部分截断,只留下被操作数的右半部分
9        //取被操作数的左半部分,向右移位置于低位
10       left = (a & ((1ULL << (N+k)) - (1ULL << N))) >> N;
```

```
11        result = right + left;        // 合并
12        printf("%llu\n", result);
13    }
```

3.9　位运算与数制转换:进制转换

给出十进制整数 a 和 k,其中 a 在 int 数据类型范围内,且 $0 \leqslant a, 2 \leqslant k \leqslant 16$。编程把 a 转换为 k 进制后输出。$10 \sim 15$ 的数字用小写字母 a ～ f 表示。

输入:一行,两个整数 a 和 k,用空格分开。

输出:一行,一个数,表示 a 的 k 进制。

样例:

输入	输出
30 16	1e

难度等级:***

问题分析:本题主要针对进制转换、数组等相关知识进行训练,通过训练初步掌握进制转换等相关解法。利用进制转换的写法和带余除法,将每次除法的余数存在数组中,然后遍历数组倒序输出,注意大于 9 的数字需要转换为字母。将一个数 n 转换为 r 进制,其进制转换计算示意如图 3-1 所示。

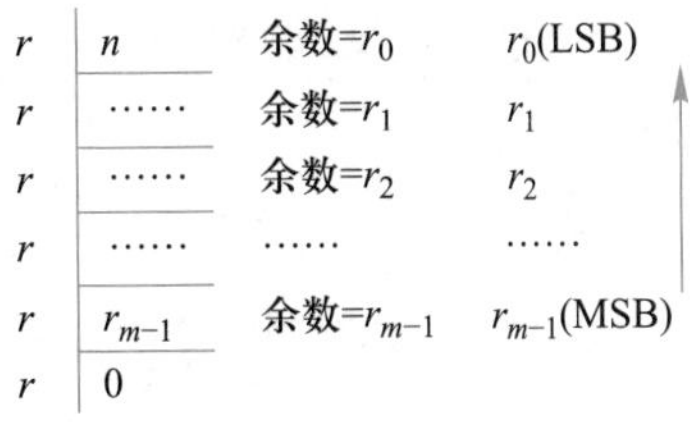

实现要点:用一个字符型数组 num 存储余数信息,每一次的余数转成对应的字符 ASCII 码值(即加上字符 '0')后存入数组 num 中,见代码第 7 行。最后倒序输出数组元素时,判断其如果大于 '9',则转换为 'a' ～ 'f' 输出,否则直接输出字符,见代码第 12 ～ 14 行。

图 3-1　进制转换计算示意图

参考代码:

```
1    int a, k, i = 0;
2    char num[33] = {0};           // 以字符形式存余数数字,便于输出
3    scanf("%d%d", &a, &k);
4
5    while(a)
6    {
7        num[i++] = '0' + a % k;    // 求余数,将余数对应数字的字符 ASCII 码存入
8        a = a / k;                 // 求商,商作为下一次运算的被除数
9    }
10   while(i--)
11   {
```

```
12          if(num[i] > '9')
13              num[i] += 39;                    // 大于9,则使用字符 a~f 表示
14          printf("%c", num[i]);
15      }
```

➤ **编程提示 8**　进制转换三原则：原则一,整数部分与小数部分分别转换；原则二,整数部分采用"除基数取余法",直到商为0,每次相除所得余数的逆序为对应 R 进制整数部分的各位数码,即第一次取得的余数为整数部分最低位(least significant bit, LSB),最后一次取得的余数为整数部分最高位(most significant bit, MSB)；原则三：小数部分采用"乘基数取整法",直到乘积的小数部分为零或达到控制精度(当小数部分永不可能为零时),每次相乘所得整数为对应 R 进制小数部分的各位数码,即第一次取得的整数在小数部分最高位,最后一次取得的整数在小数部分最低位。

3.10　认识浮点精度:一元二次方程解的个数

给定形如 $ax^2+bx+c=0$ 的方程,其中 a、b、c 为浮点型常数,求其作为一元二次方程实数解的个数(两个相等实根算做一个解,两个不等实根算做两个解,两个复数根算做零个解)。如果该方程不是一元二次方程,输出 No。

输入:一行,三个浮点数 a、b、c($-20000 \leqslant a, b, c \leqslant 20000$),分别由空格分隔,三个数的小数位数均不超过 6 个。

输出:一行,如果该方程是一元二次方程,则输出一个整数,表示方程解的个数；否则输出 No。

样例:

样例输入 1	样例输出 1
0.000000 0.0 0.0	No
样例输入 2	样例输出 2
1.0 5.0 6.0	2
样例输入 3	样例输出 3
1.0 4.0 4.0	1
样例输入 4	样例输出 4
1.010101 0.0 1.000119	0

难度等级:***

问题分析:本题主要针对浮点数运算及浮点数精度进行训练。浮点数在计算机中并不是精确存储的,有一定的误差,这与整型数不同,因此浮点数的判断相等需要进行不同的处理。

实现要点:比较两浮点数 a、b 是否相等的时候,不宜直接使用 a==b,而应当用 |a-b|<eps

的形式，其中 eps 为一个合适且接近零的数。对于本题，三个小数位数均不超过 6，故判断 a 是否为零的时候，eps 不宜超过 10^{-6}；判断一元二次方程根的判别式 delta 是否为零的时候，eps 在 $[10^{-12}, 10^{-6}]$ 区间较为合适。

参考代码：

```
1    double a, b, c, delta;
2
3    scanf("%lf%lf%lf", &a, &b, &c);
4    if(fabs(a) < 1e-6)
5    {
6        printf("No");
7        return 0;
8    }
9    delta = b*b - 4*a*c;
10   if(fabs(delta) < 1e-10)
11       printf("1");
12   else if(delta > 0)
13       printf("2");
14   else
15       printf("0");
```

fabs 是求实数的绝对值的数学库函数，定义在文件 math.h 中，因此在 main( ) 函数前应 include 该头文件。

⊙ 编程提示 9 需要注意的是，如果 if 语句的顺序写成如下：

```
double delta;                    // 判别式
if(delta > 0)
    printf("2");
else if(fabs(delta) < 1e-10) // WARNING
    printf("1");
else
    printf("0");
```

当 delta 是一个很小的正数（比如 10^{-25}）时，即使它满足 WARNING 处的分支，也会优先进入第一个分支，进而导致判断失败。所以在解此类题时需要注意：

（1）浮点数 delta 与 0 比较是否相等，不能直接写 if(delta==0)，需要使用 if(fabs(delta)<eps) 判断，其中 eps 为一个很小的数，例如 1e-7。

（2）优先通过判断 fabs(delta)<eps 来确定浮点数 delta 是否与 0 相等，再判断 delta 是大于 0 还是小于 0。

（3）abs( )、fabs( )、llabs( ) 分别用于获得整形、浮点数、长整形数的绝对值。

3.11 数组的基础应用:计算比赛得分

某比赛打分时,规定去掉所有最高分和所有最低分,并将剩余的数字求算术平均值作为最终得分。编程计算最终得分。

输入:两行。第一行是一个整数 n 表示分数的个数($1 \leqslant n \leqslant 10^5$)。第二行输入由空格分隔的 n 个整数,表示 n 个分数,其中 $a_i(0 \leqslant a_i \leqslant 10^8)$ 表示第 i 个分数。

输出:一个数字,表示最终分数(结果保留两位小数)。如果所有的分数都被去掉了,则输出字符串 "#DIV/0!"(不包括引号)。

样例:

样例输入 1	样例输出 1
5 1 1 2 4 3	2.50
样例输入 2	样例输出 2
5 1 1 2 2 2	#DIV/0!

样例说明:对于样例 1,去掉了 1 1 4,并对 2 3 求平均得最终分数 2.50 ;对于样例 2,去掉了 1 1 2 2 2,即去掉了所有的分数,故输出 #DIV/0!。

难度等级:***

问题分析:本题主要针对数组基础进行训练,初步了解数组在数据处理中的重要作用。该题关键是找到最大值和最小值(简称最值)以及它们对应的数量,然后再把非最值求平均数即可。在寻找最值时,一般会给存储最值的变量赋一个无穷大(或无穷小)的值。由于计算机无法存储无穷大或无穷小,所以一般用一个非常大的值或者非常小的值替代,例如 0x7fffffff 或者 0x3fffffff。前者是 32 位整数(一般是 int 类型)最大值的十六进制表示,后者是前者的一半。一般后者比较常用,其优点是两个这样的"无穷大"相加时不会溢出成负数,在一些情况下非常实用。具体实现时可以有两种解法:使用数组的解法和不使用数组的解法。

方法 1 实现要点:在使用数组的解法中,直接用数组记录所有输入的值,然后先遍历数组寻找最大值和最小值,再将非最值求平均数即可,见代码第 18 ~ 29 行。

方法 1 参考代码(使用数组):

```
1    #define INF 0x3fffffff
2    #define N 100000
3    int a[N+5];
4    int main()
5    {
6        int n, i, max = -INF, min = INF, cnt = 0;
7        long long sum = 0;
8        scanf("%d", &n);
```

```
9
10      for(i = 1; i <= n; i++)        //第一次循环,找到数组中的最大最小值
11      {
12          scanf("%d", &a[i]);
13          if(a[i] > max)
14              max = a[i];
15          if(a[i] < min)
16              min = a[i];
17      }
18      for(i = 1; i <= n; i++)        //第二次循环,统计数组中合法数字之和与个数
19      {
20          if(a[i] != max && a[i] != min)
21          {
22              cnt++;
23              sum += a[i];
24          }
25      }
26      if(cnt == 0)
27          printf("#DIV/0!");
28      else
29          printf("%.2f", (double)sum / cnt);
30      return 0;
31  }
```

方法 2 实现要点: 在不使用数组的解法中,定义两个变量 maxNum 和 minNum 分别记录下最大值和最小值,再定义两个变量 cntMax 和 cntMin 分别记录最大值和最小值的数量,用 sum 记录下所有数字的和,最后采用 $(sum - maxNum * cntMax - minNum * cntMin)/(n - cntMax - cntMin)$ 求平均数即可。注意,判断 #DIV/0 时要考虑所有数字相同的情况,此时 cntMax 和 cntMin 都等于 n;还有一种情况是只有两个不同的数字,此时 cntMax + cntMin 等于 n。

方法 2 参考代码(不使用数组):

```
1   #define INF 0x3fffffff
2   int main()
3   {
4       int n, i;
5       long long cntMax = 0, cntMin = 0, maxNum = -INF, minNum = INF, x, sum = 0;
6       scanf("%d", &n);
7
8       for(i = 1; i <= n; ++i)   //在循环中直接维护最大最小值及其个数
9       {
```

```
10            scanf("%lld", &x);
11            cntMax += (x == maxNum);
12            cntMin += (x == minNum);
13            if(x > maxNum)
14            {
15                maxNum = x;
16                cntMax = 1;
17            }
18            if(x < minNum)
19            {
20                minNum = x;
21                cntMin = 1;
22            }
23            sum += x;
24        }
25        if(cntMax + cntMin == n || cntMax == n) // 只有两种值或一种值的情况是无解
26            printf("#DIV/0!");
27        else
28            printf("%.2f", (sum-maxNum*cntMax-minNum*cntMin)*1.0/(n-cntMax-cntMin));
29        return 0;
30    }
```

3.12 数组的基础应用:统计成绩

针对某班的考试成绩单,计算全班的平均成绩,以及大于或等于平均分和小于平均分的人数,并计算这两批人分别的平均分。

输入:多行,每行为一个整数,表示一名同学的分数。

输出:三行。第一行为全班同学的总人数和平均分,由空格分隔;第二行为所有大于或等于平均分的人数及这些人的平均分,由空格分隔;第三行为所有小于平均分的人数及这些人的平均分,由空格分隔。对于以上的每一个平均分,如果能整除则输出整数,否则请保留两位小数。

样例:

输入	输出
80 95 78 75	12 76 7 88.86 5 58

续表

输入	输出
26 100 61 88 55 84 73 97	

难度等级:****

问题分析:本题主要针对简单数组的相关知识,通过本题的训练对数组的相关应用有一定的了解。首先需要得到输入数据的个数,即所有同学的人数,并将所有成绩存入数组中,因为后续在计算两个特殊平均分的时候还需要进行遍历。先计算全部同学的平均分,再遍历数组,分别与平均分比较,归类到"大于或等于平均分"或"小于平均分"并相应求和与求平均。最后按题目要求输出。

实现要点:按照题目要求,应采用 while(scanf("%d",&score[n]) !=EOF) 读入每位同学的分数,边输入边计数,最后即可得到输入数据的个数,见代码第 6 ~ 10 行。在最后输出时,需判断平均分能否整除。如果能整除,则直接除即可;否则,需要计算实数的商,注意对被除数进行数据类型转换,见代码第 32 ~ 35 行。

参考代码:

```
1    int n = 0, score[105], i, sum = 0;
2    double aver;                    // 总体平均分
3    int sum_hi = 0, sum_lo = 0;     // 大于或等于平均分、小于平均分的人的总分
4    int cnt_hi = 0, cnt_lo = 0;     // 大于或等于平均分、小于平均分的人数
5
6    while(scanf("%d", &score[n]) != EOF)
7    {
8        sum += score[n];
9        n++;
10   }
11
12   printf("%d ", n);
13   if(sum % n == 0)
14       printf("%d\n", sum / n);
15   else
16       printf("%.2f\n", sum * 1.0 / n);
17   aver = sum * 1.0 / n;
```

```
18
19   for(i = 0; i < n; i++)
20       if(score[i] >= aver)
21       {
22           sum_hi += score[i];
23           cnt_hi++;
24       }
25       else
26       {
27           sum_lo += score[i];
28           cnt_lo++;
29       }
30
31   printf("%d ", cnt_hi);
32   if(sum_hi % cnt_hi == 0)
33       printf("%d\n", sum_hi / cnt_hi);
34   else
35       printf("%.2f\n", sum_hi * 1.0 / cnt_hi);
36
37   printf("%d ", cnt_lo);
38   if(sum_lo % cnt_lo == 0)
39       printf("%d\n", sum_lo / cnt_lo);
40   else
41       printf("%.2f\n", sum_lo * 1.0 / cnt_lo);
```

⬤ 编程提示 10　在计算中经常需要进行数据类型转换,例如代码第 16、35、41 行,可以将被除数先乘以 1.0 隐式转换为浮点数,即 a*1.0/b,也可以用强制类型转换,即(double)a/b。需要注意的是,无论使用哪种数据类型转换,仅仅是在该表达式中参与计算的变量数据"临时"的数据类型转换,其变量本身仍然还是原来的数据类型。

3.13　本章小结

　　本章主要针对数据表示与基本处理知识进行编程训练。熟悉使用 C 语言进行基本的数据处理,掌握数据编码、位运算、数制转换以及浮点数精度和比较等相关问题的处理方法。本章的数据处理基本方法是构造类型数据的基础,对未来的学习具有重要作用。

第 4 章　控制结构

　　顺序结构、选择结构和循环结构是程序设计的三大编程结构,是程序的基本构成。本章通过一些逻辑比较复杂的例子,进行较为系统的结构化程序设计训练,在基本顺序语句的基础上,重点使用选择和循环控制结构解决问题。通过本章的训练,能够根据问题的逻辑选择合适的控制结构,编写出结构良好的程序,为后续解决较复杂问题奠定基础。

4.1　条件判断与字符串:计算正确率

　　定义一道 OJ 上机题的"正确率"为"答案正确的提交数量与正常编译的提交数量之比",即:

$$正确率 = \frac{AC的提交量}{非CE的提交量}$$

　　编程求解某道题的"正确率"。AC 的含义是 accepted,正确;CE 的含义是 compile error,编译错误。

　　输入:多行,每行代表一个提交记录的评测结果,用大写字母组成的字符串表示,并且只会有 AC、CE、PE、WA、TLE、MLE、REG 和 OE 几种字符串。所给数据中至少有一个非 CE 的提交,提交记录个数在 100 以内。

　　输出:一行,一个小数,表示正确率,保留 3 位小数。

　　样例:

输入	输出
AC CE PE WA TLE MLE REG OE	0.143

　　样例说明:非 CE 的提交有 7 个,AC 的提交有 1 个,故正确率为 $\frac{1}{7} \approx 0.143$。

　　难度等级:*

　　问题分析:本题主要针对条件判断和字符串进行训练,进一步学习对判断条件的使用,同时对多行字符串的输入格式以及字符的比较进行了解。解本题时,主要需要实现字符串的读入和结果的判断统计。

实现要点:每读入一条信息,统计其是否是 AC,以及是否是 CE;分别记录 AC 和非 CE 的个数(因为每一个评测结果的第一个字符都不相同,所以只需判断字符串的第一个字符即可),然后两者之比即为答案。此外,该题是不确定行输入,可以使用 while(scanf("%s",s) !=EOF) 循环输入,见代码第 4 行,直到文件结束为止。在运行程序进行手动输入测试时,使用 Ctrl+z(Windows 系统)或者 Ctrl+d(Linux 系统)结束输入,最后需要注意数据类型转换。

参考代码:

```
1    char s[10];                        //存放评测结果
2    int ac = 0, not_ce = 0;
3
4    while(scanf("%s", s) != EOF)       //读入一行不带空格的字符串,存入数组 s
5    {
6        if(s[0] == 'A')               //通过比较评测结果字符串第一个字符判断是否是 AC
7            ac++;
8
9        if(s[0] != 'C')               //通过比较评测结果字符串第一个字符判断是否是非 CE
10           not_ce++;
11   }
12   printf("%.3f", ac*1.0/not_ce);    //*1.0 是进行类型转换
```

4.2 分支条件判断:计算天数

计算某一年的某一个月有多少天。

输入:共 T+1 行,第一行,一个整数 T($1 \leq T \leq 10^4$),表示数据的组数;接下来 T 行,每行两个整数 y 和 m 分别表示年份和月份,以空格分隔,其中 $2000 \leq y \leq 9999, 1 \leq m \leq 12$。

输出:T 行,每行一个整数,第 i 行表示第 i 组数据的 yi 年 mi 月的天数。

样例:

输入	输出
2 2000 2 2001 5	29 31

难度等级:*

问题分析:使用判断语句根据输入的月份输出对应的天数即可。对于 2 月份需要根据年份判断是否为闰年,闰年二月份为 29 天,平年二月份为 28 天。具体实现时可以有三种解法。

方法 1 实现要点:在判断月份时采用 if...else if 结构,先 if 判断输入的月份是否为 1、3、5、

7、8、10、12 中的一个,若是则输出 31,否则 else if 判断是否为 4,6,9,11 中的一个,若是则输出 30,否则就根据年份输出 29 或者 28,见参考代码 1 第 6～16 行。

参考代码 1:

```
1    int T, y, m;
2    scanf("%d", &T);
3    while(T--)
4    {
5        scanf("%d%d", &y, &m);
6        if(m == 1 || m == 3 || m == 5 || m == 7 || m == 8 || m == 10 || m == 12)
7            printf("31\n");
8        else if(m == 4 || m == 6 || m == 9 || m == 11)
9            printf("30\n");
10       else    //二月份需要判断是否是闰年
11       {
12           if(((y%4 == 0 ) && (y%100 != 0)) || (y%400 == 0))   //判断是否闰年
13               printf("29\n");
14           else
15               printf("28\n");
16       }
17   }
```

方法 2 实现要点:在判断月份时采用 switch...case 结构,如代码 2 等效于代码 1 的 6～16 行。

参考代码 2:

```
1    switch(m)
2    {
3        case 1: case 3: case 5: case 7: case 8: case 10: case 12:
4            printf("31\n");
5            break;
6        case 4: case 6: case 9: case 11:
7            printf("30\n");
8            break;
9        case 2:
10           if(((y%4 == 0) && (!(y%100 == 0))) || (y%400 == 0))
11               printf("29\n");
12           else
13               printf("28\n");
14       default:
```

```
15          break;
16      }
```

方法 3 实现要点：定义两个数组，分别存放闰年和平年每个月的天数（为输出时方便，定义数组元素个数为 13 个，从数组的第 2 个元素开始依次存放每个月的天数），在输出时，将输入的月份作为下标，访问数组元素，输出对应月的天数（即对应数组元素的值），见参考代码 3。

参考代码 3：

```
1   int T, y, m;
2   int leap_year[13] = {0, 31, 29, 31, 30, 31, 30, 31, 31, 30, 31, 30, 31}; // 闰年
3   int normal_year[13] = {0, 31, 28, 31, 30, 31, 30, 31, 31, 30, 31, 30, 31}; // 平年
4   scanf("%d", &T);
5   while(T--)
6   {
7       scanf("%d%d", &y, &m);
8       if((y%4 == 0) && (!(y%100 == 0)) || (y%400 == 0))
9           printf("%d\n", leap_year[m]);
10      else
11          printf("%d\n", normal_year[m]);
12  }
```

◉ **编程提示 11**　判断闰年是一段很有用的程序语句，特别是在时间日期处理中经常用到，建议平时积累类似有用的程序段落，便于在写程序时复用，以提高编程效率。

4.3　字符判断与计算：组合数据类型大小

C 语言中对 int 类型的数组求 sizeof，其结果一般是：int 类型占 4 个字节，乘上数组长度就是数组占的字节数。如果把 int、char、double 等这些数据类型作为基本类型，对于一种由这些基本类型组成的"组合类型"，其所占字节数是它所包含的每种基本类型占字节数的简单加和。当给出"组合类型"的数组时，计算数组所占字节数，即 sizeof(数组名)返回的值。已知基本类型和对应的字节数如表 4-1 所示。

表 4-1　几种基本类型所占的字节数

基本类型	占用字节数
char	1
int	4
double	8
long long	8

输入:共 N+1 行。第一行两个正整数 N、L(1≤N≤20,1≤L≤10³),其中 N 代表给出"组合类型"中包含的基本类型的个数,L 代表"组合类型"数组的长度。后面 N 行每行一个字符串,代表基本类型(只出现基本类型表 4-1 里有的类型)。

输出:一行,一个整数,表示数组所占的字节数。

样例:

输入	输出
2 5 int long long	60

难度等级:**

问题分析:本题需要实现确定数量的多组数据的输入和判断,并对正确读取带空格的字符串进行训练。给定这样一个"组合类型",由 N 个基本类型组成,每个类型占 b_i 个字节,基本类型和对应的字节数如题中表 4-1 所示,"组合类型"数组的长度为 L。计算这个"组合类型"占的字节数 $S = \sum_{i=1}^{N} b_i$,其数组占字节数为 S*L,输出此值。

实现要点:判断输入的基本类型是什么,对其长度进行累加。因为输入的字符串有可能有空格,所以不宜使用 scanf( ) 函数,可以使用 gets( ) 读取字符串,在判断输入是哪种数据类型时,本题可只比较类型名的第一个字符即可,比字符串比较更快,见代码第 5 ~ 23 行。

参考代码:

```
1    char type[15];
2    int n, len, size = 0, i;
3
4    scanf("%d%d\n", &n, &len);  // 因为下一行输入的是字符串,这里用 \n 吃掉输入数值后的换行
5    for(i = 0; i < n; i++)
6    {
7        gets(type);              // 读入基本数据类型
8        switch(type[0])          // 判断读入的基本数据类型属于哪种
9        {
10       case 'c':
11           size += 1;
12           break;
13       case 'i':
14           size += 4;
15           break;
16       case 'l':
17           size += 8;
```

```
18              break;
19        case 'd':
20              size += 8;
21              break;
22        }
23    }
24    printf("%d\n", len * size);
```

4.4 多组数据输入与判断:成绩分析

老师要统计编号为 A、B 和 C 的三个班级,共 N 名学生的成绩。每班有若干位学生(至少有 1 位,但最多不超过 50 位),现在给出每位同学的班级和成绩,编程计算:(1) 哪个班的平均分最高? 请输出班号。(2) A、B、C 三个班的最高分和最低分分别是多少?

输入:共 N+1 行。第一行为一个正整数 N(1≤N≤150),接下来 N 行,每行第一个输入为字符 A、B 或 C,表示班级;第二个输入为一个整数 X(0≤X≤100),表示该同学的分数。

输出:共 4 行。第一行输出一个字符,为 A、B 或 C,表示平均分最高的班级(已知三个班级的平均分不相同);第二行有两个由空格分开的整数,表示 A 班的最高分和最低分;第三、四行分别表示 B 班和 C 班的情况,格式与第二行相同。

样例:

输入	输出
6 A 99 A 100 B 99 B 97 C 100 C 100	C 100 99 99 97 100 100

难度等级:**

问题分析:本题需要实现确定数量的多组数据的输入和判断,并对求最大数和最小数进行训练,通过判断输入的班号,需要分别统计三个班的最高分 max、最低分 min、班级总分数 sum 和班级人数 num。然后根据班级总分数和班级人数计算平均分并比较,输出平均分最高的班编号。在计算平均分时,由于数据范围小,相乘不会溢出,所以可以转换为 double 类型来计算平均分,也可以将 $\frac{sum_A}{num_A} > \frac{sum_B}{num_B}$ 比较转换为 $sum_A*num_B > sum_B*num_A$ 比较,从而避免使用 double 类型。在具体实现时,可以采用两种实现方法。

方法 1 实现要点:不使用数组,针对每个班分别定义 4 个变量存放统计的最高分、最低分、

班级总分数和班级人数,例如 A 班定义最高分 maxA、最低分 minA、班级总分数 sumA 和班级
人数 numA,根据输入的班号,分别进行各班成绩的统计。

方法 1 参考代码:

```
1    int N;
2    int maxA = -1, minA = 101, maxB = -1, minB = 101, maxC = -1, minC = 101;
3    int sumA = 0, sumB = 0, sumC = 0, numA = 0, numB = 0, numC = 0;
4    int score, i;
5    char clas, max_avg_clas;
6
7    scanf("%d", &N);
8    for(i = 0; i < N; i++)
9    {
10       scanf(" %c%d", &clas, &score);    //注意 %c 前的空格,用于吃掉空白符(换行)
11       switch(clas)
12       {
13       case 'A':
14           maxA = score > maxA ? score : maxA;    //统计 A 班最高的分数
15           minA = score < minA ? score : minA;    //统计 A 班最低的分数
16           sumA += score;                         //A 班的分数求和
17           numA++;                                //统计 A 班人数
18           break;
19       case 'B':
20           maxB = score > maxB ? score : maxB;
21           minB = score < minB ? score : minB;
22           sumB += score;
23           numB++;
24           break;
25       case 'C':
26           maxC = score > maxC ? score : maxC;
27           minC = score < minC ? score : minC;
28           sumC += score;
29           numC++;
30           break;
31       default:
32           break;
33       }
34
35       //比较三个班的平均分
```

```
36        max_avg_clas = sumA * numB > sumB * numA ? 'A': 'B';
37        if(max_avg_clas == 'A')
38            max_avg_clas = sumA * numC > sumC * numA ? 'A': 'C';
39        else
40            max_avg_clas = sumB * numC > sumC * numB ? 'B': 'C';
41    }
42    // 按题意输出
43    printf("%c\n", max_avg_clas);
44    printf("%d %d\n", maxA,minA);
45    printf("%d %d\n", maxB,minB);
46    printf("%d %d", maxC,minC);
```

方法 2 实现要点：考虑到有三个班, 每班定义 4 个变量则变量总数较多, 因此也可以考虑使用数组形式。

方法 2 参考代码：

```
1     int N, max[3], min[3], sum[3], num[3], score, i;
2     char clas;
3     int max_avg_clas = 0;      // 平均分最高的班
4
5     for(i = 0; i <= 2; i++)  // 初始化
6     {
7         max[i] = -1;
8         min[i] = 101;
9         sum[i] = 0;
10        num[i] = 0;
11    }
12
13    scanf("%d", &N);
14    for(i = 0; i < N; i++)
15    {
16        scanf(" %c%d", &clas, &score);
17        clas -= 'A';               // 'A'-'A' 为 0,'B'-'A' 为 1,以 clas 作为数组下标确定班
18        max[clas] = score > max[clas] ? score : max[clas];    // 统计最高的分数
19        min[clas] = score < min[clas] ? score : min[clas];    // 统计最低的分数
20        sum[clas] += score;  // 分数求和
21        num[clas]++;               // 统计人数
22    }
23
24    // 比较三个班的平均分
```

```
25    if(sum[max_avg_clas] * num[1] < sum[1] * num[max_avg_clas])
26        max_avg_clas = 1;
27    if(sum[max_avg_clas] * num[2] < sum[2] * num[max_avg_clas])
28        max_avg_clas=2;
29
30    // 按题意输出
31    printf("%c\n", 'A'+max_avg_clas);
32    printf("%d %d\n", max[0],min[0]);
33    printf("%d %d\n", max[1],min[1]);
34    printf("%d %d", max[2],min[2]);
```

4.5　数学计算：日期计算

母亲节是每年 5 月份的第二个星期日，每一年母亲节的具体时期一般都不相同，请编程计算一个特定年份的母亲节的日期。另外，给出一个日期代表小明母亲的出生日期，请计算该年母亲节和小明母亲生日相差多少天。

Zeller 公式可以方便地计算出一个日期是星期几：

$$w=(y+[y4]+[c4]-2c+[13\times(m+1)5]+d-1)\%7$$

其中 [x] 代表取 x 的整数部分。上式中的其他参数含义为：c 代表年份的前两位，如对于 1913 年，c=19；y 代表年份的后两位，如对于 1913 年，y=13；m 代表月份，在 Zeller 公式中，某年的 1、2 月要看成上一年的 13、14 月来计算，即 1913 年 1 月 1 日应看成是 1912 年 13 月 1 日；d 代表日期；w 即是所求日期的星期数，若计算出的 w 小于 0，则 w 加 7，例如 w 是 2，则为星期二，w 是 0，则为星期日。

输入：两行，第一行 1 个正整数 year，表示要查询的年份，其中 year∈[1980,2050]；第二行 3 个以空格分隔的正整数 birthyear、birthmonth 和 birthday 表示小明母亲的出生日期，其中 birthyear∈[1970,1980]。输入的日期均合法，且小明母亲的生日不在闰年 2 月 29 号。

输出：两行，第一行 1 个正整数，表示 year 年的母亲节是在五月的第几天；第二行 1 个非负整数，表示 year 年母亲节和 year 年小明母亲生日相差的天数。

样例：

输入	输出
1980 1975 2 27	11 74

难度等级：***

问题分析：本题主要针对日期计算进行训练，通过本题的训练初步了解通过 Zeller 公式计算某一天的星期以及两个日期差的问题。本题求解的输出有两个，一个是母亲节的日期，一个是母亲节和小明母亲生日的相差天数。

实现要点:由于母亲节在每年 5 月份的第二个星期日,容易想到直接求解 5 月 1 号是星期几(务必先明确 Zeller 公式的各个参数的意义),假设是周日,即 week 为 0,那么再过 7 天就是母亲节,即 day=8;week 不为 0 的时候,容易找到关系 day=15-week;如果关系式没有找到,也可以使用循环来找到第二个星期日,从而求解母亲节的日期。

为了方便求解任意给定两个日期的相差天数,可以把某日(在两个日期之前)作为基准,再分别求出两个日期与某日的相差天数,做减法即可。本题求同一年两个日期相差的天数,可直接以该年 1 月 1 日作为基准,分别求出 year 年母亲节和 year 年小明母亲生日与该年 1 月 1 日相差的天数,再求两者之差的绝对值,输出即可。

参考代码:

```
1   int year, month = 5, day, birth_year, birth_month, birth_day, s1 = 0,
    s2 = 0, i, week, y, c;
2   unsigned int d[13] = {0, 31, 28, 31, 30, 31, 30, 31, 31, 30, 31, 30,
    31}; //保存每个月的天数
3
4   scanf("%d", &year);
5   scanf("%d%d%d", &birth_year, &birth_month, &birth_day);
6
7   //令 day = 1,用 Zeller 公式查询当年 5 月 1 日是星期几,注意公式的使用限定条件
8   day = 1;
9   y = year % 100;
10  c = year / 100;
11  week = (y + y/4 + c/4 - 2*c + 13*(month+1)/5 + day - 1) % 7;
12  if(week < 0)
13      week += 7;
14  if(week == 0)
15      day = 8;
16  else
17      day = 15-week;
18  if((year%4 == 0 && year%100 != 0) || year%400 == 0)
19      d[2] = 29; //若 year 年为闰年,修改 2 月的天数
20
21  //year 年母亲节,即 5 月 day 日与当年 1 月 1 日相差天数 s1
22  for(i = 0; i < 5; i++)
23      s1 += d[i]; //相差的整月天数
24  s1 += day;
25
26  //year 年母亲生日,与当年 1 月 1 日相差天数 s2
27  for(i = 0; i < birth_month; i++)
28      s2 += d[i]; //相差的整月天数
```

```
29    s2 += birth_day;

30

31    printf("%d\n%d\n", day, abs(s1-s2)); // 求整数的绝对值 abs,在库 <stdlib.h> 中声明
```

⊙ **编程提示 12**　Zeller 公式只适合于 1582 年(中国明朝万历十年)10 月 15 日之后的情形。罗马教皇格里高利十三世在 1582 年组织了一批天文学家,根据哥白尼日心说计算出来的数据,对儒略历做了修改。宣布将 1582 年 10 月 5 日到 14 日之间的 10 天撤销,继 10 月 4 日之后为 10 月 15 日。对于 1582 年 10 月 4 日之前的计算需要对公式进行修改,读者可自行了解。

4.6　循环判断与计算：实验课积分统计

一门实验课有多个实验,每个实验都有一个七位数的编号,最后一位是完成这个实验后可以获得的积分,例如完成编号为 1010113 的实验可以获得 3 分。

该实验课的积分要求如下:

(1) 按时到场但没有完成实验,不会获得积分,但也不会倒扣积分。

(2) 迟到 20 分钟以上不仅不能获得积分,还会倒扣 2 分(最多扣成 0 分)。

编程计算某个学生的这门实验课可以得到多少积分。

输入:共 n+1 行,第一行一个整数 n(1≤n≤100),表示实验的数量;接下来 n 行,每行两个空格分隔的整数 id 和 op,其中 id 为一个没有前导 0 的七位整数,表示实验的编号,op 表示实验完成的状态,其值只可能为 0 或 1 或 2,op=0 表示成功完成了实验,op=1 表示按时到场但没有完成实验,op=2 表示迟到了 20 分钟以上。

输出:一行,若最终积分大于等于 37,则输出最终积分;若小于 37,表示该学生明年需要重修,输出一行字符串 See you next year!

样例:

输入	输出
7 1010113 0 1010212 0 1030113 0 1030211 0 1030312 1 1030412 1 1020114 2	See you next year !

样例说明:该学生最终只获得了可怜的 7 分,需要明年重修。

难度等级:*

问题分析:本题主要针对确定数量的多组数据输入以及数据处理进行训练,了解如何根据题目要求对数据进行判断处理。在解本题时,id 的位数只有 7 位,故可以使用 int 整型进行存

储。需要获得编号 id 的最后一位,将 id 对 10 取模即可。

实现要点:每行输入完成之后,使用判断语句根据输入的实验 id 以及完成状态 op 进行 sum 的不断更新即可。注意实验分数最低 0 分,不能扣为负分,见代码第 10 ~ 11 行。

参考代码:

```
1    int n, id, op, sum = 0;
2    scanf("%d", &n);
3    while(n--)
4    {
5        scanf("%d%d", &id, &op);
6        if(op == 0)
7            sum += id % 10;
8        else if(op == 2)
9            sum -= 2;
10       if(sum < 0)
11           sum = 0;                        //不能扣为负分
12   }
13   if(sum >= 37)
14       printf("%d\n", sum);
15   else
16       printf("See you next year !\n");   //注意输出字符串中的空格
```

4.7　判断与浮点数计算:温度转换

给出一个温度区间 [L,R],根据输入的 op 值进行温度转换,当 op 为 0 时,将 [L,R] 的摄氏温度转换成华氏温度输出;当 op 为 1 时,将 [L,R] 的华氏温度转换成摄氏温度输出。

输入:两行,第一行一个整数 op(0 或 1);第二行两个 0 ~ 100 之间的整数 L,R(L≤R),其含义如题。

输出:共 R−L+1 行,每行为空格分隔的一个整数和一个浮点数,分别表示转换前的温度和转换后的温度,其中后者保留两位小数。

样例:

输入	输出
1 90 95	90 32.22 91 32.78 92 33.33 93 33.89 94 34.44 95 35.00

样例说明:根据华氏度 F、摄氏度 C 的转换公式 $F = \dfrac{9}{5}C + 32$, $C = \dfrac{5}{9}(F - 32)$,可直接计算。

难度等级:*

问题分析:本题主要针对循环以及简单的浮点数计算进行训练,熟悉整型与浮点型运算之间的区别,以及进一步巩固条件判断语句的使用。解本题时,需要理清题目要求和输出格式,分清是华氏到摄氏还是摄氏到华氏的转换。

方法 1 实现要点:首先根据第一行的整数 op 对程序所要完成的功能选择不同的计算公式,之后进入对应的语句块中循环,遍历 [L,R] 区间内的每一个温度,执行输出语句,直接在输出语句中进行公式的计算,输出对应范围内的转换结果,如参考代码 1 第 3 ～ 12 行。

方法 1 参考代码:

```
1   int op, L, R;
2   scanf("%d%d%d", &op, &L, &R);
3   if(op == 0)
4   {
5       for(; L <= R; L++)    //这里 for 循环不需要第一个表达式,直接省略
6           printf("%d %.2f\n", L, 1.8 * L + 32);
7   }
8   else
9   {
10      for(; L <= R; L++)
11          printf("%d %.2f\n", L, 5.0 * (L - 32) / 9.0);
12  }
```

方法 2 实现要点:使用数组提前存储好所有的温度转换结果。使用两个数组,一个存储摄氏温度转换成为华氏温度之后的结果(数组索引作为转换前数值,数组值作为转换后数值),记为 F,另外一个存储华氏温度转换成为摄氏温度之后的结果,记为 C,比如 F[95] 就是摄氏温度 95 代表的华氏温度的值,见参考代码 2 中的第 10、11 行。当程序输入完成之后,选取相对应的数组并且循环输出对应索引值就可以了,见参考代码 2 中的第 9 ～ 14 行。

方法 2 参考代码:

```
1   double F[105], C[105];
2   int i, op, L, R;
3   for(i = 0; i <= 100; i++)    //提前计算好结果存储在数组里
4   {
5       F[i] = 1.0 * 9 * i / 5 + 32;
6       C[i] = 1.0 * 5 * (i - 32) / 9;
7   }
8   scanf("%d%d%d", &op, &L, &R);
9   if(op == 0)
```

```
10      for(i = L; i <= R; i++)
11          printf("%d %.2f\n", i, F[i]);
12   else
13      for(i = L; i <= R; i++)
14          printf("%d %.2f\n", i, C[i]);
```

4.8 数学计算与循环:计算 GPA

GPA 称为平均学分绩点,是用来衡量学生学习成果的重要指标。本题的 *GPA* 采用 4 分制(即满分为 4 分),算法如下:设某门课程的百分制成绩为 x,则相应的 *GPA* 为:

$$GPA = 4 - \frac{3 \times (100 - x)^2}{1600} \quad (60 \leqslant x \leqslant 100)$$

当分数为 60 分时 *GPA* 为 1,分数为 60 分以下时 *GPA* 为 0。

现输入 $N(1 \leqslant N \leqslant 10^6)$ 门课的百分制成绩 $x_1, x_2, \cdots, x_N$ 和每门课对应的学分 $h_1, h_2, \cdots, h_N$。通过各门课 *GPA* 计算总 *GPA* 的公式为:

$$总GPA = \frac{GPA_1 \times h_1 + GPA_2 \times h_2 + \cdots + GPA_N \times h_N}{h_1 + h_2 + \cdots + h_N}$$

现在已知某位同学 N 门课程的百分制分数,编程计算他的总 *GPA*。

输入:共 N+1 行,第一行一个整数 N 表示课程的数量;接下来 N 行,每行两个整数 x_i、h_i,分别表示第 i 门课程的百分制分数和学分。

输出:一行,一个浮点数,表示这位同学的总 *GPA*,保留两位小数。

样例:

输入	输出
2 85 3 60 2	2.55

难度等级:**

问题分析:这是一道非常实用的 GPA 计算题,有助于理解 GPA 的计算办法。本题主要针对给定较复杂公式的数学计算进行训练,进一步增强对较复杂题目的理解能力以及相应的计算能力,同时进一步掌握循环和分支两种结构的灵活使用。

实现要点:使用循环结构实现多组数据的输入,每输入一组数据(即一门课的成绩),判断其输入的成绩是否小于 60,根据判断结果计算该门课的 GPA,并按题中给出的公式计算总 GPA,见参考代码第 4 ~ 15 行。此外注意,两个 int 类型数据计算的结果仍然是 int 类型,本题在进行除法运算前需将其转换为 double(可以通过强制转换或者乘以 1.0 的方式),见代码第 11 行。

参考代码:

```
1     int i, N, score, credit, sum_credit = 0;
2     double GPA, sum_GPA = 0;
3
4     scanf("%d", &N);
5     for(i = 0; i < N; i++)
6     {
7         scanf("%d%d", &score, &credit);
8         if(score < 60)   // GPA 为 0
9             GPA = 0;
10        else
11            GPA = 4 - 3.0 * (100 - score) * (100 - score) / 1600;
12
13        sum_credit += credit;
14        sum_GPA += GPA * credit;
15    }
16    printf("%.2f\n", sum_GPA / sum_credit);
```

4.9 循环与字符判断:可爱字符串

一个只由小写字母 w、b 组成的字符串,如果这个字符串是由 m 个连续的 w 和 n 个连续的 b 组成的,那么称这个字符串是可爱的。其中,m 和 n 均可为 0,如 wwb、wbbb、wwww、bb 都是可爱的,wbw、bww 都是不可爱的。编程判断输入的字符串是不是可爱的。

输入:一行,一个只由小写字母 w、b 组成的字符串,字符串长度小于等于 100。

输出:一行,一个字符串,若该字符串是可爱的,输出 "Yes",否则输出 "No",输出均不含引号。

样例:

样例输入 1	样例输出 1
wwwbw	No
样例输入 2	**样例输出 2**
wwwbbb	Yes

难度等级:**

问题分析:本题主要针对循环以及状态判断进行训练,掌握字符的循环处理能力。本题有两种状态:一个是正在读 w,不妨用 state=0 表示这种状态,在 state=0 的情况下如果读到的字符是 w,那么状态不变,继续读取下一个字符,如果是 b,那么状态改为读取 b,记此状态为 state=1 ;在 state=1 的状态下,如果读到的字符是 w,说明该字符串不是可爱的,直接 break 跳出循环,输出 No,如果读到的字符是 b,那么状态不变,继续读取;如果读完了整个字符串都没有输出 No 的情况,则输出 Yes。

实现要点:循环输入字符直到文件末尾可以用 getchar( ) 实现,每次读取一个字符,根据当前状态及字符进行判断,用一个 int 型变量 flag 记录是否为可爱字符串。

参考代码:

```
1    int state = 0, flag = 1;
2    char ch;
3    while((ch = getchar()) != EOF) //循环读入字符
4    {
5        if(state == 0)                  //第一种状态
6        {
7            if(ch == 'b')
8            state = 1;
9        }
10       else                            //第二种状态
11       {
12           if(ch == 'w')
13           {
14               flag = 0;
15               break;
16           }
17       }
18   }
19   printf("%s\n", flag ? "Yes" : "No");
```

4.10　循环与判断:最后出圈的羊

有 n 只羊,赋予每只羊一个唯一的编号,编号从 1 到 n,并且让它们按编号顺序首尾相接围成一圈。一开始,编号为 1 的羊的下一只羊编号为 2,依此类推。特别的,编号为 n 的羊的下一只羊编号为 1。刚开始,从编号为 n-1 的羊开始数,每数到第 k 只羊就让它出圈,直到只剩下最后一只羊。

输入:一行,两个整数 n,k,含义如题所述,其中 2≤n≤10000,2≤k≤100。

输出:一行,一个整数 x,表示最后剩下的羊的编号。

样例:

样例输入 1	样例输出 1
3 2	1

续表

样例输入 2	样例输出 2
15 4	11
样例输入 3	样例输出 3
605 24	281

样例说明:第一个样例中 2 → 3,编号为 3 的羊出圈;1 → 2,编号为 2 的羊出圈。最后剩下编号为 1 的羊。

难度等级:***

问题分析:本题主要针对循环以及数组的知识进行训练,进一步熟悉数组和循环之间的灵活应用。经分析可知,本题是经典约瑟夫问题的改变,可以采用数组标记模拟解决。

实现要点:使用一个标记数组表示每一只羊是否出圈,vis[i]=1 表示编号为 i 的羊已经出圈,vis[i]=0 表示还未出圈。由于会出圈 n-1 次,因此外层循环 n-1 次,每次循环内,使用 while 循环查找哪些羊没有出圈的同时进行计数,数量达到 k 的时候跳出循环并且标记出圈即可。

参考代码:

```
1    int n, k, p, i;
2    int vis[M] = {0};  //M是定义的宏常量 (10000+5),数组 vis 初始化为0
3
4    scanf("%d%d", &n, &k);
5    p = n-1;
6    for(i = 1; i < n; ++i)
7    {
8        int cnt = 0;   //进行计数
9        while(1)
10       {
11           if(!vis[p])
12               cnt++;
13           if(cnt==k)
14               break;
15           p=p%n+1;
16       }
17       vis[p]++;        //进行标记
18   }
19
20   for(i = 1; i < n; ++i)
21       if(!vis[i])
22           printf("%d\n", i);
23
```

⊙ 编程提示 13　本题是经典约瑟夫问题的改变,求解的方法有很多,本题代码的数组标记模拟便是其中一种,时间复杂度函数为 $O(nm)$,其他的方法还有循环链表实现、递推公式等,效率有差别,读者可自行了解。

4.11　循环与判断:送蚂蚁回家

有 n 只蚂蚁爬上了一个长度为 m 的很细很细的木棍(坐标 0 到 m)。突然它们意识到了危险,决定离开这条木棍,但是又没有人指挥,于是它们随便选了一个方向开始爬行。已知蚂蚁的爬行速度是 1,爬行方向只有 +1 和 -1 两种;由于木棍很细,如果两只蚂蚁相遇了,它们就会碰头然后各自掉头返回。当蚂蚁走到 0 或 m 的位置时,它就会掉下木棍,当爬行方向是 +1 时,每个单位时间蚂蚁的坐标将会 +1(如果没相遇的话)。请问所有蚂蚁都掉下木棍需要多长时间?

输入:共 n+1 行,第一行两个整数 n、m 分别表示蚂蚁的数量和木棍的长度,2≤n,m≤100000,保证所有蚂蚁的初始位置都不相同;以下 n 行,每一行都是两个整数 x_i 和 a_i,表示第 i 只蚂蚁的状态,其中 x_i 表示这只蚂蚁的坐标,a_i 表示这只蚂蚁初次选择的行进方向,$a_i=1$ 或 $a_i=-1$。

输出:一个整数,表示所有蚂蚁掉下木棍所需要的时间。

样例:

样例输入	样例输出
2 3 1 1 2 -1	2

样例解释:对于样例,两只蚂蚁将会在 0.5 单位时间相遇,再花 0.5 单位时间回到自己最初的位置,但此时位于 1 的蚂蚁的方向是 -1,位于 2 的蚂蚁的方向是 +1,所以在下一时刻,它们分别到达了 0 和 3,掉下了木棍。

难度等级:***

问题分析:本题是个思维题,如果按照题目要求模拟蚂蚁碰面掉头,是写不出来的。可以这样分析,假若任意两只蚂蚁碰面不掉头,而是直接按照原来的方向走,则可以发现,整根木棍上所有蚂蚁的位置状态,跟题目所描述的情况是相同的。即把两只蚂蚁碰面掉头看成穿透,各自均继续走,这样计算所有蚂蚁掉下木棍的时间。因此,只需要计算每只蚂蚁"不掉头直走"的掉落时间,然后取其中的最大值即可。

实现要点:在理解上述分析的基础上,使用循环结构和选择结构根据蚂蚁爬行的方向计算掉落时间的最大值,见参考代码第 6 ～ 13 行。

参考代码:

```
1    #define MAX(a, b) ((a)>(b)?(a):(b))
2    int main()
```

```
3    {
4        int n, m, i, x, a, ans=0;
5        scanf("%d%d", &n, &m);
6        for(i = 0; i < n; i++)
7        {
8            scanf("%d%d", &x, &a);
9            if(a == 1)
10               ans = MAX(ans, m - x);   // 如果是正方向,计算到木棍末尾掉落时间取较大值
11           else
12               ans = MAX(ans, x);       // 如果是负方向,计算到木棍头掉落时间取较大值
13       }
14       printf("%d\n", ans);
15       return 0;
16   }
```

4.12 本章小结

三种基本程序结构:顺序、选择和循环结构是结构化程序设计的核心内容,也是程序的基本组织方式。本章重点围绕 C 语言的选择和循环两种结构展开训练,使读者熟练掌握 if-else 和 switch-case 选择结构以及 while 和 for 循环结构的使用方法,为复杂逻辑结构的编程奠定基础。

第 5 章   函数

采用模块化的设计思想,将复杂问题分解成规模较小、容易解决的子问题,可有效降低编程难度,在 C 语言中通过函数实现模块化程序设计。本章主要包括:函数定义和调用、函数的模块化编程方法、递归函数、标准库函数的典型应用。通过本章训练,使读者能够深入理解模块化编程思想和过程驱动的程序设计方法,学会"自顶向下、逐步求精"的问题求解思想。

5.1   自定义函数:计算三维坐标系中两点间的距离

给出三维坐标系中的四个点,按指定顺序依次计算两点间的距离(保留 2 位小数)。

输入:共 4 行,第 i 行的三个整数 x_i、y_i、z_i,表示第 i 个点的三维坐标,数据之间用一个空格分隔,其中 $-100 \leqslant x_i, y_i, z_i \leqslant 100$,$i = \{1, 2, 3, 4\}$。

输出:共 6 行,每行一个浮点数,表示三维坐标系中两点之间的距离,依次为:坐标点 2 与坐标点 4、坐标点 1 与坐标 3、坐标点 2 与坐标点 3、坐标点 3 与坐标点 4、坐标点 1 与坐标点 2、坐标点 1 与坐标点 4 的距离。

样例:

样例输入	样例输出
20 21 10	11.49
21 10 17	14.70
10 17 20	13.38
17 20 21	7.68
	13.08
	11.45

样例说明:样本输入的第一行表示三维坐标点 1,第二行表示三维坐标点 2,依此类推。样本输出的第一行表示坐标点 2 和坐标点 4 之间的距离,第二行表示坐标点 1 和坐标点 3 之间的距离,依此类推。

难度等级:*

问题分析:本题主要考查自定义函数的使用,并理解函数的作用。已知三维坐标系中的两点 $A(x_1, y_1, z_1)$ 和 $B(x_2, y_2, z_2)$,利用三维坐标系中两点间距离的计算公式可得,A 和 B 之间的距离 d 为:

$$d = \sqrt{(x_1 - x_2)^2 + (y_1 - y_2)^2 + (z_1 - z_2)^2}$$

实现要点:设计自定义函数时,首先需要考虑如何划分的问题,这里蕴含了适度取舍的朴素哲学思想,在函数的复杂程度、开发效率和执行性能之间进行平衡。通常按功能划分,每个函数完成相对独立的特定任务。本题中函数的功能很明确,主要用来计算三维坐标系中两点间的距离,将其定义为函数 double CalcDistence(int,int),其中参数列表中的两个形式参数分别代表 4 个三维坐标点的序号。定义三个全局整型数组,分别存储输入的 4 个三维坐标点信息。为了进一步降低代码冗余,可以将计算平方和这类重复性操作也封装为函数,通过自定义函数 int CalcSquare(int) 实现(也可以直接调用 C 语言的标准库函数 double pow(double,double),该函数需要头文件 math.h)。

参考代码:

```
1    int CalcSquare(int);
2    double CalcDistence(int, int);
3    int x[5], y[5], z[5];
4    int main()
5    {
6        int i;
7        for(i = 1; i <= 4; i++)
8            scanf("%d%d%d", &x[i], &y[i], &z[i]);
9
10       printf("%.2f\n%.2f\n", CalcDistence(2, 4), CalcDistence(1, 3));
11       printf("%.2f\n%.2f\n", CalcDistence(2, 3), CalcDistence(3, 4));
12       printf("%.2f\n%.2f\n", CalcDistence(1, 2), CalcDistence(1, 4));
13
14       return 0;
15   }
16
17   double CalcDistence(int i, int j)          // 自定义函数,计算点 i 和点 j 之间的距离
18   {
19       return sqrt(CalcSquare(x[i] - x[j]) + CalcSquare(y[i] - y[j]) +
         CalcSquare(z[i] - z[j]));
20   }
21
22   int CalcSquare(int x)                      // 自定义函数,计算 x 的平方
23   {
24       return x * x;
25   }
```

⊙ 编程提示 14   使用函数要养成良好的编程习惯,建议将函数声明放在 mian( ) 前,函数实现放在 mian( ) 后,避免程序出现头重脚轻的现象。

5.2 自定义函数:大数求幂

给出三个正整数 a、b 和 p($0<a,b,p<2^{31}$),计算 a 的 b 次方对 p 求模的结果。

输入:一行,三个正整数 a、b 和 p,数据范围如题面所述。

输出:一行,一个整数,表示 a 的 b 次方对 p 求模的结果。

样例:

样例输入	样例输出
2 3 5	3

样例说明:样例中输入的三个正整数 2 3 5 分别表示 a、b 和 p,表达式($2^3 \bmod 5$)的值为 3。

难度等级:***

问题分析:本题主要考查将算法封装成函数,并理解多个参数的传递过程。解答本题需要利用快速幂取模(简称快速幂)的计算公式和幂计算的相关引理。记 a 为底数,b 为指数,p 为模数,res 为幂计算取模的结果,$res = a^b \bmod p$,则

(1) 根据幂计算的相关引理,可得 $a^b \bmod p = (a \bmod p)^b \bmod p$。

(2) 根据快速幂的计算公式,可得

$$res = \begin{cases} \left((a^2)^{\frac{b}{2}} \right) \bmod p, & \text{当} b \text{是偶数} \\ \left((a^2)^{\frac{b}{2}} \times a \right) \bmod p, & \text{当} b \text{是奇数} \end{cases}$$

利用引理(1)化简公式(2),可得

$$res = \begin{cases} \left((a^2 \bmod p)^{\frac{b}{2}} \right) \bmod p, & \text{当} b \text{是偶数} \\ \left((a^2 \bmod p)^{\frac{b}{2}} \times a \right) \bmod p, & \text{当} b \text{是奇数} \end{cases}$$

通过观察快速幂公式发现,计算主体从原来的 $a^b \bmod p$ 转换为 $(a^2 \bmod p)^{\frac{b}{2}} \bmod p$,这是一个可迭代过程,通过反复执行 $(a^2 \bmod p)^{\frac{b}{2}}$,能够较大程度地缩小每次幂运算的底数和指数。进一步地,当 b 为奇数时,需要额外执行 res = (res * a) % p 语句,来弥补公式中最后多出的 $(\dots \times a) \bmod p$ 一项。

将快速幂公式写成程序的伪代码形式,即为快速幂算法,具体描述如下:

```
while(b 不等于 0)
{
    if(b 是奇数)
```

```
        res = (res * a) % p
    a = (a * a ) % p
    b = b / 2
}
```

从实现原理上,快速幂算法是采用"大问题分解为小问题"的分治思想和循环思维,将大数幂运算 a^b 变换为 $(a^2)^{\frac{b}{2}}$ 的形式,即将常量变性为变量,这样,大数 a 和大数 b 就可以通过迭代不断缩小数值,从而避免了数据溢出,也有效提高了计算效率。

实现要点:定义函数 int QuickPow(int a, int b, int p) 实现快速幂,形参 a、b 和 p 依次接收从主调函数传递来的实参。注意,在函数调用时,实参的数据类型、参数个数和位置顺序需要和形参完全一致。为了进一步提高计算效率,可以先在 while 循环前执行一次 a=a % p 操作(见代码 4 行),并且采用移位运算实现除以 2 运算(见代码 12 行)。下面只给出函数 QuickPow 的实现,包括主调函数 main 的完整程序请读者自行实现。

参考代码:

```
1   int QuickPow(int a, int b, int p)
2   {
3       int res = 1;
4       a = a % p;
5       while(b)
6       {
7           if(b % 2 == 1)
8           {
9               res = (res * a) % p;
10          }
11          a = a * a % p;
12          b >>= 1;
13      }
14      return res;
15  }
```

⊙ 编程提示 15 快速幂取模(简称快速幂)是快速地求一个幂式的模(余)。在程序设计过程中,经常需要求解一些大数对于某个数的余数,为了得到执行效率更高、计算范围更大的算法,产生了快速幂取模算法。

⊙ 编程提示 16 函数应用:在实现一个复杂功能时,通常将大功能分解为多个小功能,各个击破,分而治之。编程中,函数就是一段具有特定功能的、可重复使用的语句块,并且可以供其他代码调用。程序设计中灵活运用函数,可以提高代码的可复用性、可读性、可扩展性和可维护性。

特别说明:为简化,本书后文涉及函数的程序,部分也只给出函数的定义,完整的程序请读者自行实现或查看完整代码。

5.3　自定义函数:用泰勒公式计算 e 的近似值

利用泰勒展开公式计算 e 的近似值,直到最后一项小于 10^{-6}。

输入:无

输出:一行,一个浮点数,表示 e 的近似值(保留 5 位小数)。

难度等级:**

问题分析:本题主要考查数学函数的程序实现,并且理解自定义函数中函数调用和函数结束两个阶段,包括参数传递和结果返回。解答本题需要利用 e^x 的泰勒展开公式,表示为

$$e^x = 1 + x + \frac{x^2}{2!} + \frac{x^3}{3!} + \frac{x^4}{4!} + \cdots = \sum_{n=0}^{\infty} \frac{x^n}{n!}$$

当 $x=1$ 时,e 的泰勒展开公式表示为

$$e = 1 + 1 + \frac{1}{2!} + \frac{1}{3!} + \frac{1}{4!} + \cdots = \sum_{n=0}^{\infty} \frac{1}{n!}$$

通过观察 e 的近似值计算公式,确定采用循环结构实现。由于循环次数未知,使用 while 循环更合适。

实现要点:在主函数 main( ) 中,以表达式 e_last>=eps 作为 while 循环的执行条件,其中,e_last 表示泰勒公式的最后一项;变量 eps 表示给定的精度要求,即 10^{-6}。设计时,将自定义函数 double ExpTaylor(int n) 中的局部变量 factorial 定义为 static int 类型,这样,当函数调用结束后,变量 factorial 所占用的内存空间不会被收回,并且下一次调用函数 ExpTaylor( ) 时,它还保持上一次的值,直到赋新值。静态局部变量一般被用在"需要保留函数上一次调用结束时的值"的场景,避免了使用全局变量带来的"超越函数管控"等副作用。另外,考虑到误差值一般在程序执行中不允许被修改,将变量 eps 定义为 const double 类型。

参考代码:

```
1    double ExpTaylor(int n);
2
3    int main()
4    {
5        double e_last = 1, ans = 0;
6        const double eps = 0.000001;
7        int n = 1;
8        while(e_last >= eps) //当泰勒公式的最后一项不小于 eps 时,继续往后展开
9        {
10            ans += e_last;
11            e_last = ExpTaylor(n);
```

```
12          n++;
13      }
14      printf("%.5lf", ans);
15      return 0;
16  }
17
18  double ExpTaylor(int n)
19  {
20      static int factorial = 1;
21      factorial *= n;
22      return 1.0 / factorial;
23  }
```

⊙ **编程提示 17**　使用泰勒公式设计程序时，要防止数据溢出问题，尤其是涉及阶乘 n! 的计算。数据溢出是从空间角度分析，指计算结果超出了数据类型所能表示的范围，如当 n＝13 时，int 型结果会溢出；当 n＝21 时，long long 型结果会溢出。

⊙ **编程提示 18**　理解静态变量和全局变量：静态变量的存储方式与全局变量一样，都是静态存储方式。但是，静态变量属于静态存储方式，属于静态存储方式的变量却不一定就是静态变量，例如，全局变量虽然属于静态存储方式，但并不是静态变量，它必须由 static 加以定义后才能成为静态全局变量。全局变量的作用域是整个源程序，当一个源程序由多个源文件组成时，全局变量在各个源文件中都是有效的。静态全局变量的作用域是被定义的源文件内，这样起到了对其他源文件进行隐藏与隔离错误的作用，有利于模块化程序设计。

⊙ **编程提示 19**　函数设计原则：函数名要在一定程度上反映函数的功能；函数参数名要能够体现参数的意义；尽量避免在参数中使用全局变量；当函数参数不应该在函数体内部被修改时，应该加上 const 声明；如果参数是指针，且仅作为输入参数，则应该加上 const 声明；不能省略返回值的类型，如果函数没有返回值，那么应声明为 void 类型；对参数进行有效性检查，对于指针参数的检查尤为重要；不要返回指向"栈内存"的指针，栈内存在函数体结束时被自动释放；函数体的规模不宜太大；避免函数有过多的参数，参数个数控制在 4 个以内为宜。

5.4　自定义函数：护照号码校验

假设合法的护照编码满足四项规则：① 护照号码总长度为 9 位；② 第一位是大写前缀字母 E；③ 第二位是一个大写字母（I 和 O 除外）；④ 第三位～第九位是连续的阿拉伯数字。输入一个护照号码，编程检查其是否为合法的护照。

输入：一行，一个字符串。

输出：一行，输出"此护照是合法护照"或者"此护照不是合法护照"（不含引号）。

样例:

输入样例 1	输出样例 1
EE0000000	此护照是合法护照
输入样例 2	输出样例 2
EO0000001	此护照不是合法护照
输入样例 3	输出样例 3
EA000001E	此护照不是合法护照

难度等级:***

问题分析:为了提高程序的可扩展性,采用模块化编程思想,可根据护照的四条编码规则,设计对应的校验函数。实际上,护照校验是一种正则表达式。正则表达式描述了一种字符串匹配的模式,它可以很方便地实现字符串匹配、字符串查找等操作。设计中,可以采用正则表达式校验各类数据的有效性,如护照编号、身份证号码、电话号码、邮箱地址等。但是,C 语言不支持正则表达式的使用,通常借助自定义函数实现。

实现要点:本题主要考查利用自定义函数设计正则表达式,并且理解函数是实现模块化编程的主要手段。根据四条编码规则,可以定义四个校验函数分别完成相应编码段的校验。表面上,这四条校验规则之间是相互独立的,但是,不同的校验顺序直接影响了程序的执行性能。所以,在合理的逻辑下,应该尽可能先调用算法实现简单、执行效率较高的校验函数。因为根据 C 语言中的"短路求值"特性,如果前面的校验条件不满足,后面的校验过程就不需要再执行了,如参考代码第 10 行。本题涉及字符串的相关操作,需要在程序的开始位置包含头文件 string.h 和 ctype.h。

参考代码:

```
1    int checkLen(char []);
2    int check1stLTR (char []);
3    int check2ndLTR (char []);
4    int checkDig (char []);
5
6    int main()
7    {
8        char ppID[15];
9        scanf("%s", ppID);
10       if(checkLen(ppID) && check1stLTR(ppID) && check2ndLTR(ppID) && checkDig(ppID))
11           printf(" 此护照是合法护照 ");
12       else
13           printf(" 此护照不是合法护照 ");
14       return 0;
15   }
```

```
16
17    int checkLen(char passport[])
18    {
19        return (strlen(passport) == 9) ? 1 : 0;
20    }
21
22    int check1stLTR(char passport[])
23    {
24        return (passport[0] == 'E') ? 1 : 0;
25    }
26
27    int check2ndLTR(char passport[])
28    {
29        return (isupper(passport[1]) && passport[1] != 'I' && passport[1] !='O') ? 1 : 0;
30    }
31
32    int checkDig(char passport[])
33    {
34        int i;
35        for(i = 2; i <= 8; i++)
36        {
37            if(!isdigit(passport[i]))
38                return 0;
39        }
40        return 1;
41    }
```

说明：本例涉及数组作为函数参数的情况。在函数原型与函数定义的地方，若参数是数组，则加上数组标记 [ ] 即可，其余方式与变量作为函数参数一样。当然，数组作为函数参数时，其值传递机制与变量作为参数是不一样的。其详细原理，可参阅理论教材第 6 章的相关知识。

思考题：在本题基础上，可以增加对公务护照、外交护照等其他类型护照编号的校验。

5.5 递归函数：分数加法计算器

给出两个分数，计算它们的和。

输入：一行，两个合法的分数，a/b 和 c/d，数据之间用一个空格分隔。输入的 a、b、c、d 都是整数，约分前 $0 \le |a|, |b|, |c|, |d| \le 10^9$，约分后（输入的分数可能是假分数，可以进行约分后再计

算),$0 \leqslant |a|, |b|, |c|, |d| \leqslant 10^4$。

输出：一行，一个最简分数（可以是真分数或假分数），表示两个分数的和。如果是正分数，则表示为 x/y；如果是负分数，则表示为 -x/y；如果是整数，则表示为 x/1 或 -x/1。

样例：

样例输入 1	样例输出 1
1/5 1/8	13/40
样例输入 2	样例输出 2
1/3 −1/2	−1/6
样例输入 3	样例输出 3
19/9 2/9	7/3

样例说明：样例 1 的计算结果是真分数，1/5 + 1/8 = 13/40；样例 2 的计算结果是负分数，1/3 + (-1/2) = -1/6；样例 3 的计算结果是假分数，19/9 + 2/9 = 7/3。

难度等级：***

问题分析：本题主要考查利用函数解决较为复杂问题的综合设计能力。解答本题需要利用分数加法的计算公式。已知两个分数，a/b 和 c/d，记 s 为两个分数的和，则

$$s = \frac{a}{b} + \frac{c}{d} = \frac{a \times d + c \times b}{b \times d}$$

计算后需要对结果进行约分，得到最简分数。约分的关键是确定分子和分母的最大公约数，可采用辗转相除法求解。

实现要点：对于输入的两个分数，题目没有做任何限定。可以是真分数、假分数或负分数。对于负分数，计算结果可能是负分数，也可能是正分数。由此可知，引入正负号对解题造成了较大干扰，增加了分析难度。设计时，应遵循软件开发中的单一责任原则，利用关注点分离方法，将求解最大公约数、计算分数加法和判断正负号等相对独立的功能封装成单独的函数。

主要涉及两个关键点。第一，计算分数加法时，很容易忽略因通分操作导致的中间结果溢出问题。为了避免这类逻辑错误，在执行加法操作前，首先需要对两个分数分别做约分处理（针对输入分数可约的情况）；第二，辗转相除法只适用于非负整数，如果输入存在负分数，则需要对符号单独处理。设计时采用"先抓主要矛盾、再抓次要矛盾"的策略，定义函数 gcd(n,m)，该函数只负责计算两个非负整数的最大公约数；计算后，再根据输入分数的正负，判断结果的正负，并根据题目要求添加相应的负号。

参考代码：

```
1    long long gcd(long long n, long long m);
2
3    int main()
4    {
5        long long a, b, c, d, x, y, temp, flag = 0;
```

```
6         scanf("%lld/%lld%lld/%lld", &a, &b, &c, &d);
7
8         // 对第一个分数约分
9         temp = gcd(a, b);
10        a /= temp;
11        b /= temp;
12
13        // 对第二个分数约分
14        temp = gcd(c, d);
15        c /= temp;
16        d /= temp;
17
18        // 计算结果，并对结果约分
19        y = b * d;
20        x = a * d + b * c;
21        temp = gcd(x, y);
22        x /= temp;
23        y /= temp;
24
25        // 处理符号，保证如果有负号，负号在最前面
26        flag = ((x < 0 && y > 0) || (x > 0 && y < 0)) ? 1 : 0;
27        x = x > 0 && flag ? -x : x;
28        y = y < 0 ? -y : y;
29
30        printf("%lld/%lld\n", x, y);
31        return 0;
32    }
33
34 // 利用辗转相除法计算两个数的最大公约数
35 long long gcd(long long n, long long m)
36 {
37        long long a = (n < 0 ? -n : n);
38        long long b = (m < 0 ? -m : m);
39
40        return ( (b == 0) ? a : gcd(b, a % b) );
41    }
```

➤ **编程提示 20**　循环和递归：两者本质上都是代码复用，但它们是两种不同的解题方法。
从设计思路看，循环一般采用正向思维，它是从已知出发，通过重复执行某些操作，求出未知；

递归一般采用逆向思维,它是从未知推理出已知的过程。从实现难度看,在循环结构中,每一次循环操作都需要显式地表达,代码量比较多,但容易理解;而递归隐藏了大部分实现细节,代码简洁,但较难理解其实现逻辑。从执行效率看,循环表面上代码量比较多,但它结构简单,执行速度较快;递归执行时要多次调用函数,递归的过程消耗了大量的时间和空间,执行效率较低,尤其是当计算规模较大时,递归会出现效率瓶颈,甚至会因为递归深度太大而导致栈溢出。因此,大数据处理要避免使用递归;从应用范围看,能用循环实现的,递归(通常指尾递归)一般都可以实现,但是能用递归实现的,循环不一定可以实现。

◉ **编程提示 21**　计算最大公约数主要有四种算法,分别是辗转相除算法、穷举算法、更相减损算法和 Stein 算法,其中辗转相除法有必要熟练掌握。

◉ **编程提示 22**　区分数学思维和计算思维。两者密切相关,但本质不同。它们都是以数据为基础,但是处理数据的方式却截然不同。数学中的数据,更强调它们之间的数量关系,可以不考虑其物理意义。计算机中的数据,要被真实的硬件设备存储和计算。因此编程时,不仅要分析解决问题的数学模型,还要考虑该计算过程能否被实现,计算的结果能否被正确存储。

5.6　递归函数:计算最小公倍数

输入两个正整数,计算它们的最小公倍数。
输入:一行,两个正整数 a 和 b,其中 $0<a,b<2^{31}$。
输出:一行,一个正整数,表示 a 和 b 的最小公倍数。
样例:

样例输入 1	样例输出 1
2 8	8
样例输入 2	样例输出 2
2 19260819	38521638

难度等级:**
问题分析:解答本题需要利用最小公倍数的计算公式。已知两个正整数 a 和 b,记 lcm(a,b) 为两个数的最小公倍数,则

$$lcm(a,\ b)=\frac{a\times b}{a\text{和}b\text{的最大公约数}}=\frac{a\times b}{gcd(a,\ b)}$$

两个整数 a 和 b 的最大公约数 $gcd(a,b)$ 在上例已经介绍,本题可以直接复用。
方法 1 实现要点:实际中,经常遇到计算两个数的最大公约数的问题,因此,将它封装为一个函数,定义为 gcd(a,b),增加代码的复用性。由于整数 a 和 b 相乘可能越界,本题用 long long 类型来定义 lcm 即可。

方法 1 参考代码:

```
1    long long a, b, lcm;
2    scanf("%lld%lld", &a, &b);
3    lcm = a * b / gcd(a, b);
4    printf("%lld", lcm);
```

方法 2 实现要点:采用穷举法实现两个数的最小公倍数。相比较辗转相除法,穷举法的执行效率较低,同时可扩展性差。

方法 2 参考代码:

```
1    long long a, b, lcm;
2    scanf("%lld%lld", &a, &b);
3    for(lcm = MAX(a,b);; lcm++) // MAX 是定义好的宏,#define MAX(x,y) (x)>(y)?(x):(y)
4    {
5        if(lcm % a == 0 && lcm % b == 0)
6            break;
7    }
8    printf("%lld", lcm);
```

5.7 递归函数:复利计算器

复利是指在计算利息时,某一计息周期的利息是由本金加上先前周期所积累利息总额的计息方式。给出本金、年利率和持有年份 n,分别使用递归和非递归方式计算经过 n 年后的本金与利息之和(保留两位小数)。

输入:一行,三个数,第一个是浮点数,表示本金;第二个也是浮点数,表示年利率(单位为 %);第三个是整数 n,表示持有年份(最小单位为年)。

输出:一行,一个浮点数,表示经过 n 年后本金与利息之和(保留两位小数)。

样例:

样例输入 1	样例输出 1
10 10 3	13.31
样例输入 2	样例输出 2
30 15 5	60.34

难度等级:**

问题分析:本题主要考查分别采用递归和循环两种方法解决问题的异同。解答本题需要利用复利的计算公式,记 F 为终值(表示最终收益,即本金与利息之和),本金为 p,年利率为 r,计息期数为 n(表示持有年份),则

$$F(n) = p \times (1+r)^n$$

方法 1（递归方式）**实现要点**：实现递归的关键是确定递归表达式和递归边界，一般可以利用数学归纳法获得。分析第 i 年的本息终值，记为 $F(i)$。

第一年，$F(1)=p+p \times r=p \times (1+r)$

第二年，$F(2)=F(1)+F(1) \times r=F(1) \times (1+r)$

第三年，$F(3)=F(2)+F(2) \times r=F(2) \times (1+r)$

……

由此可得，递归表达式表示为 $F(i)=F(i-1) \times (1+r)$ $(i \geqslant 2)$，递归边界表示为 $F(0)=p$，具体实现见参考代码 1。

参考代码 1：

```
1    double interest(double p, double r, int n);
2
3    int main()
4    {
5        double p, r;
6        int year;
7        scanf("%lf%lf%d", &p, &r, &year);
8        r /= 100;
9        printf("%.2f", interest(p, r, year));
10       return 0;
11   }
12
13   double interest(double p, double r, int year)
14   {
15       if(year == 0)
16           return p;
17       return interest(p, r, year-1) * (1+r);
18   }
```

方法 2（非递归方式）**实现要点**：分析每年的本息终值。

第一年，$F(1)=p+p \times r=p \times (1+r)$

第二年，$F(2)=F(1)+F(1) \times r=F(1) \times (1+r)=p \times (1+r)^2$

第三年，$F(3)=p \times (1+r)^3$

……

综上所述，采用非递归实现复利计算函数见参考代码 2。

参考代码 2 片段：

```
1    double interest(double p, double r, int year)
2    {
```

```
3        double rate = 1 ;
4        for(int i = 0; i < year; i++)
5             rate *= (1+r);
6
7        return p*rate;
8    }
```

5.8 递归函数：求解方程的根

给出函数 $f(x) = 2\sin(x) + \sin(2x) + \sin(3x) + (x-1)^2 - 20$，已知 $f(x)$ 在区间 $[4,8]$ 上是连续单调递增的，并且 $f(4)<0$，$f(8)>0$，如图 5-1 所示。采用折半查找方法求方程 $f(x)=0$ 的近似解（精度为 10^{-8}）。

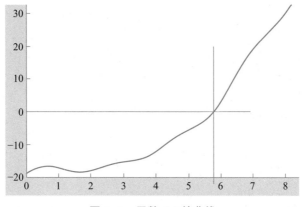

图 5-1　函数 $f(x)$ 的曲线

输入：无

输出：一行，一个浮点数，表示 $f(x)=0$ 的近似解，保留到小数点后 9 位（精度为 10^{-9}）。

难度等级：***

问题分析：本题主要考查折半查找的递归实现。该方程的解析解不易求得，但是，该方程满足两个条件：第一，方程在 $[a,b]$ 范围内是连续单调递增的；第二，方程在 $[a,b]$ 范围内有且仅有一个根。因此，可以采用折半查找求出该方程的数值解。

实现要点：以折半方式不断缩小方程根的所在区间，使区间的两个端点逐步逼近根，直到找到满足精度要求的根。分析整个折半查找过程符合递归特征，定义递归版折半查找求函数 binSearch( )，见参考代码第 16 ～ 25 行。本代码中需要用到三角函数，需要包含数学库函数头文件 math.h。

参考代码：

```
1    #define eps 1e-9
2    double f(double);
```

```
3    double binSearch(double, double);
4
5    int main()
6    {
7        printf("%.9f", binSearch(4.0, 8.0));
8        return 0;
9    }
10
11   double f(double x)
12   {
13       return 2*sin(x) + sin(2*x) + sin(3*x) + (x-1)*(x-1)-20;
14   }
15
16   double binSearch(double lef, double rig)
17   {
18       double mid = (lef+rig)*0.5;
19       if(rig-lef < eps)
20           return mid;
21       else if(f(mid) > 0)
22           return binSearch(lef, mid);
23       else
24           return binSearch(mid, rig);
25   }
```

● 编程提示 23　① 采用折半查找方法求解方程的根,通常只能获得近似解。即便存在精确解,程序也很难判断。原因是计算机存储浮点数时可能会产生误差,不能直接对浮点数进行相等性比较(如 ==,!=)。② 解析解(analytical solution)和数值解(numerical solution):解析解是指通过严格公式求得的解,给出任意的自变量都可以直接求出其因变量;数值解是指给出一系列对应的自变量,采用数值方法求出的解。数值解无法直接通过公式计算出结果,一般都存在误差。相比较解析解,数值解对解决实际问题更有意义。多数情况下很难找到准确的解析表达式或者表达式比较复杂,很难计算解析解。

5.9　递归函数:密码生成器

给出由 n 个字母组成的明文(2≤n≤7),密文是明文的一个错排,编程求出密码生成器中所有可能的密文。错排的定义:对于排列 A,如果某种排列 B 使得 B 的所有元素都不在 A 原来的位置上,则称 B 为 A 的一个错排。

输入:两行。第一行,一个正整数 n,表示明文中的字母个数;第二行,一个字符串,表示由

n 个字母组成的明文。字母不区分大小写,并且不可以重复。

输出:若干行,每行表示一种错排密文,密文中字母间无空格。

样例:

样例输入 1	样例输出 1
2 aB	Ba
样例输入 2	样例输出 2
4 qwer	wqre werq wrqe eqrw erqw erwq rqwe reqw rewq

样例说明:样例输入 1 是一个只包含两个字母的字符串 aB,因此,它的错排只有一种,即 Ba;样例输入 2 中的字符串包含 4 个字母,它的错排总共有 9 种。

难度等级:*****

问题分析:本题主要考查从数学公式(通常为数学归纳法)到递归算法的实现。对于 n 个元素的有序序列,共有 $n!$ 种排列方法,如果其中某种排列满足所有元素都不在原来位置上,则称这种排列为错排,记为 $D(n)$。令 n 个元素的有序序列中每个元素都有唯一编号,第 i 个元素的编号为 i,简称元素 i,其中 $1 \leqslant i \leqslant n$,错排种数的求解思路如下:

(1) 假设将元素 1 放在位置 k 上,则共有 $n-1$ 种方法;

(2) 经过(1)后剩余的 $n-1$ 个元素,分两种情况:情况 1,如果元素 k 放到位置 1 上,相当于元素 1 和元素 k 互换了位置,满足错排要求,则之后只需对剩下的 $n-2$ 个元素进行错排,共有 $D(n-2)$ 种排法;情况 2,如果元素 k 不放到位置 1 上,则相当于对剩余 $n-1$ 个元素进行错排,共有 $D(n-1)$ 种方法。

由此可得,错排种数的递归公式 $D(n)=(n-1) \times (D(n-2)+D(n-1))$,特殊地,$D(1)=0$,$D(2)=1$。

输出一种错排的方法为,首先在位置 1 放元素 $k_1(k_1 \neq 1)$,随后再在位置 2 放元素 $k_2(k_2 \neq 2)$,直至 n 个位置均填充了某一元素,或剩下 1 个位置 x 不存在可以填充的元素(即"元素 $k_x=$ 位置 x")。对 k_i 进行遍历即可输出所有的错排。

以排列 1234 为例,按照 1234 的顺序进行元素遍历,填充第 1 位,遍历到第 1 个可用元素为 2,填充第 2 位,遍历到第 1 个可用元素为 1,第 3 位、第 4 位分别为元素 4、3,得到第一种错排 2143;随后进行回溯,在第 1 位、第 2 位元素不变时,第 3 位、第 4 位没有其他可用元素,因此回溯至第 2 位,第 2 位下一个可用元素为 3,第 3 位可用元素为 1,此时第 4 位无可用元素;进行回溯,第三位下一个可用元素为 4,第四位可用元素为 1,得到第 2 种错排 2341;如此继续进行遍历可以输出所有的错排。如图 5-2 所示为错排生成的元素遍历示意图。

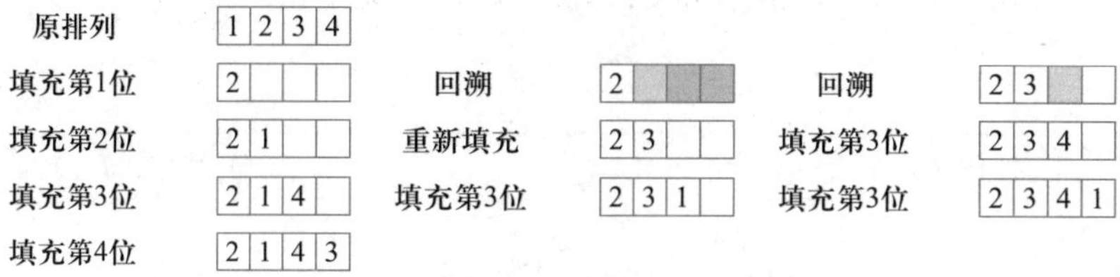

图 5-2　遍历元素的错排示意图

实现要点:将其他位置的元素 i 依次置于位置 x 上,并逐个将 n 个位置进行填充即可得到错排,具体实现见参考代码第 33 ～ 35 行。在输出一种错排后进行回溯,更换在部分位置上填充的元素,遍历后即可得到所有的错排。

参考代码:

```
1    void dearangement(int x, int n, char plaintext[]);
2
3    int main()
4    {
5        int n;
6        char plaintext[10];
7        scanf("%d", &n);
8        scanf("%s", plaintext);            //输入原文
9        dearangement(0, n, plaintext);     //进行错排
10       return 0;
11   }
12
13   void dearangement(int x, int n, char plaintext[])
14   {
15       static int used[30], password[30];
16       int i;
17       if(x == n)                         //排列结束,输出方案
18       {
19           for(i = 0; i < n; i++)
20               printf("%c", plaintext[password[i]]);
21           printf("\n");
22           return;
23       }
24       for(i = 0; i < n; i++)
25       {
26           if(i == x) //根据错排定义,排除初始序号为 i 的元素在其原位置的情况
```

```
27              continue;
28          else
29          {
30              if(used[i] == 0) // 如初始序号为 i 的元素在当前排列未出现，则放在当前位置
31              {
32                  used[i] = 1;
33                  password[x] = i; // 将初始序号为 i 的元素放在当前排列的第 x 位
34                  dearangement(x + 1, n, plaintext); // 递归搜索下一个位置放置什么元素
35                  used[i] = 0; // 回溯
36              }
37          }
38      }
39  }
```

◉ **编程提示 24**　递归通常使得代码显得更整洁。循环代码通常比较长，但是函数调用有时间和空间消耗：每一次函数调用，都需要在内存栈中分配空间以保存参数、返回地址及临时变量，这些空间的占用只有在递归退出时才会释放，当递归调用的层级太多时，就会超出栈的容量，从而导致调用栈溢出。而且往栈里压入数据和弹出数据都需要时间，所以，当递归调用次数很多时，递归实现效率较低。

5.10　本章小结

　　函数是程序设计中十分重要的一种思维方式，核心要素是"任务分解和模块组装"。任务分解可以将原本复杂无绪的问题拆解成若干容易解决的子任务。模块组装是按照特定规则调用各个函数，通过完成子任务逐步解决大问题。由此可知，程序是由若干个函数拼接而成的。使用函数可以提高代码的复用率，降低程序的开发难度。但是，函数调用会消耗系统开销，影响执行效率。因此，函数设计要遵循适量（函数调用的数量）和适度（函数嵌套的深度）原则。通过本章学习，应掌握自定义函数、函数的调用过程、全局变量、局部变量以及解决典型的递归问题。

第 6 章　　数组

数组是处理大数据的雏形，它把具有相同数据类型的若干元素有序地组织起来，方便程序操作。前面已经练习过一些简单的数组，本章是对数组更完整、更系统的练习。本章内容包括：一维数组和二维数组的使用（定义、初始化、访问、函数参数）；基于数组的常用算法（排序、查找）和数据结构（栈、队列、循环队列、哈希表）；字符串和字符数组以及标准库字符串处理函数等。

6.1　数组：七音符播放器

乐理采用音名中的七个字母 C、D、E、F、G、A、B 依次表示唱名中的七个音符 do、re、mi、fa、sol、la、si。请依次播放七个音符，一个音符占两拍。

输入：无。

输出：一行。一个字符串 "CDEFGAB"（不包括双引号），并在输出对应字母时输出声音。

样例：

样例输入	样例输出
无	CDEFGAB（及对应声音）

难度等级：*

问题分析：这是一道有趣的题目。本题主要是数组的应用，解答本题需要利用内置的发音函数 Beep( )，它是 Windows 提供的 API，可以通过控制主板扬声器的发声频率和节拍演奏出简单的旋律，甚至优美的歌曲。Beep( ) 的函数原型为：

```
BOOL Beep(DWORD dwFreq, DWORD dwDuration);
```

其中，参数 dwFreq 指定要发出的频率（Hz），参数 dwDuration 指定发音的时长（ms）。一般音乐中的一拍是 400 ms，七音符和频率的对应关系如表 6-1 所示。

表 6-1　七音符和频率的对应关系

音符	频率	音符	频率
do	523	so	784
re	578	la	880
mi	659	si	988
fa	698		

　　实现要点:采用两个数组构造一组键值对,由于键值对中的数据都是常量,可以定义两个常变量数组,const char music[ ] 和 const int freq[ ],分别存储音名中七个字母的 C、D、E、F、G、A、B 和对应音符的频率。为了保持"音名 – 音符 – 频率"的一致性,通过下标——对应的原则关联两个数组,以实现"音名 – 频率"的固定键值对。

　　参考代码:

```
1    #include <stdio.h>
2    #include <windows.h>
3    int main()
4    {
5        const char music[] = "CDEFGAB";
6        const int freq[] = {523, 578, 659, 698, 784, 880, 988};
7
8        for(int i = 0; i < 7; i++)
9        {
10           printf("%c", music[i]);
11           Beep(freq[i], 800);
12       }
13       return 0;
14   }
```

🔹 **编程提示 25**　键值对表示一种从键到值(key-value)的映射关系。其中,键又称关键字,它是存储值的编号;值是要存放的数据。键值对是数据库最简单的组织形式。

6.2　数组:短道速滑成绩排序

　　给出 n 名短道速滑运动员的 500 米成绩,按升序排序(时间短的排前面)。
　　输入:共 n+1 行。第 1 行,一个整数 n(n≤100),表示有 n 名运动员;第 2 行～第 n+1 行,每行输入一个浮点数,表示某名运动员的速滑成绩。
　　输出:共 n 行,每行一个浮点数(保留 3 位小数)。
　　样例:

样例输入	样例输出
4	39.800
39.8	41.020
41.02	41.020
50.5	50.500
41.020	

难度等级:**

问题分析:本题主要考查数组作为函数参数的用法,以及常用的排序算法。批量存储和处理数据,适合使用数组实现。定义数组时,C89 规定数组长度必须是常量表达式,不能是变量,即在使用数组之前必须确定数组大小。根据题意,数据组数 n≤100,可以定义一个双精度浮点数组 seconds[101],以保证可以存储不超过 100 名运动员的成绩且数组不越界(后续学了指针,也可以根据输入 n 的值,调用函数 malloc( ) 创建一个动态数组)。

使用数组名传递参数时,如果需要在被调函数中获取实参数组的长度,可以采用以下几种方法:

(1) 如果传递局部数组,通常需要在被调函数中额外定义一个形参,用来接收数组长度,如在升序函数 void asceSort(double s[ ], int n) 中,用形参 n 接收数组的长度。

(2) 如果传递全局数组,可以直接在被调函数中获取该数组的长度。

(3) 如果传递字符数组,那么被调函数通常不再以形参方式单独接收字符数组长度,而是利用接收到的字符数组首地址(字符串起始位置)和字符串的结束标志 '\0'(字符串结束位置)间接计算出数组长度。

实现要点:常用的排序算法包括冒泡排序和选择排序等,其中冒泡排序是很基础、很经典的一种排序算法,其计算复杂度为 $O(n^2)$,本题的输入规模 n 较小,采用冒泡排序就很方便。

参考代码:

```
1    void BubbleSort(double array[], int n);
2    int main()
3    {
4        int n, i;
5        double seconds[101];                    //可定义比100多1个或几个元素
6        scanf("%d", &n);
7        for(i = 0; i < n; i++)
8            scanf("%lf", &seconds[i]);
9
10       BubbleSort(seconds, n);
11
12       for(i = 0; i < n; i++)
13           printf("%.3f\n", seconds[i]);
14
15       return 0;
16   }
17
18   void BubbleSort(double array[], int n)
19   {
20       int i, j;
21       double hold;
```

```
22      for(i = 0; i < n-1; i++)          //i 表示比较趟数
23      {
24          for(j = 0; j < n-1-i; j++)
25          {
26              if(array[j] > array[j+1])  //j 表示数组下标
27              {
28                  hold = array[j];
29                  array[j] = array[j+1];
30                  array[j+1] = hold;
31              }
32          }
33      }
34      return;
35  }
```

思考题:多关键词排序问题:若输入包括成绩和输入序号,当成绩相同时,按输入序号排序。

⊙ 编程提示 26 C 语言为了追求执行效率,在传递数组参数时,只传递数组的首地址,不会复制整个数组。调用时,编译器将数组名退化为常量指针。因此,设 void fun(int a[]) 为被调函数,在被调函数中操作数组参数时,需要注意以下两点:第一,不能使用 sizeof(a) / a[0] 获得数组长度;第二,不能通过形参数组获取数组长度。形参数组名表面上是数组,但它只表示一个地址,中括号中的数组大小是无效的,即 void fun(int a[10])、void fun(int a[]) 和 void fun(int *a) 三者是等价的,a 都是 int * 类型,是一个指针变量(详细含义见第 7 章中的介绍)。

6.3 数组:计算两个日期之间的天数差

给出两个日期(格式为 yyyymmdd,如 20220202),计算这两个日期之间相差的天数。

输入:两行,每行一个整数,第一行表示开始日期,第二行表示结束日期。结束日期不早于起始日期,允许的最早日期为 1900 年 1 月 1 日。

输出:一行,一个非负整数,表示两个日期之间相差的天数。

样例:

样例输入 1	样例输出 1
20000101 20220101	8036
样例输入 2	样例输出 2
19920229 21000101	39388

难度等级:*******

问题分析:本题主要是一维数组在日期计算问题中的应用。利用年历知识,解题时涉及判断闰年和计算天数。闰年分为普通闰年和世纪闰年。其中,普通闰年是指公历年份是 4 的倍数且不是 100 的倍数,世纪闰年是指公历年份是 400 的倍数。根据 4.5 节实例的介绍可知,计算两个日期的天数差可以分解为两步:第一步,先分别计算出两个日期距离 1900 年 1 月 1 日的天数;第二步,再将这两个天数相减得到它们的天数差值。

实现要点:首先,定义一维数组 days[13],按序存储一年 12 个月的天数。为了让月份和数组下标一一对应,实际从下标 1 开始初始化数组 days,下标 0 空闲。分别计算两个日期距离 1900 年 1 月 1 日的天数,见参考代码第 12 和 13 行,天数计算按“经过了多少年、本年经过了多少月、本月经过了多少天”的逻辑顺序,先计算出“年、月、日”这三部分各自经过的天数,再累加得到该日期距离 1900 年 1 月 1 日的天数。最后,将两个日期经过的天数相减,得到它们的天数差值,见参考代码第 14 行。

在将计算距离 1900 年 1 月 1 日的天数封装为函数时,为了兼顾用户使用的友好性和程序运行的高效性,建议将函数接口设计为 int calculate(int,int,int) 的形式,这样,当输入 longday 表示输入格式为 yyyymmdd 的日期时,通过带参宏 YEAR(longday)、MONTH(longday) 和 DAY(longday) 提取出年月日,再传给 calculate 进行处理,其原理详见理论教材的 5.2.3 小节。

参考代码:

```
1    #define YEAR(longday)  (longday)/10000
2    #define MONTH(longday)  ((longday)/100)%100
3    #define DAY(longday)  (longday)%100
4    int isLeapYear(int x);
5    int calculate(int y, int m, int d);
6
7    int main()
8    {
9        int ans, input1, input2, date_end,date_start;
10       scanf("%d%d", &input1, &input2);
11
12       date_start = calculate(YEAR(input1), MONTH(input1), DAY(input1));
13       date_end = calculate(YEAR(input2), MONTH(input2), DAY(input2));
14       ans = date_end - date_start;
15
16       printf("%d", ans);
17       return 0;
18   }
19
20   int isLeapYear(int x)
21   {
```

```
22        return (((x%4 == 0) && (x%100 != 0)) || (x%400 == 0));
23    }
24
25  int calculate(int y, int m, int d)
26  {
27      int total_day = 0, i, days[13] = {0, 31, 28, 31, 30, 31, 30, 31,
        31, 30, 31, 30, 31};
28      if(isLeapYear(y))
29          days[2] = 29;
30
31      total_day = d;
32      for(i = 1; i < m; i++)
33          total_day += days[i];
34
35      for(i = 1900; i < y; i++)
36          total_day += 365 + isLeapYear(i);
37
38      return total_day;
39  }
```

思考题:计算两个日期之间的时间差,分别以天、时、分和秒等时间单位计算。

◉ 编程提示 27 函数接口设计的基本原则:"好的接口容易被正确使用,不容易被误用"。①"促进正确使用"的方法主要有,接口的一致性以及内置类型的行为兼容。②"阻止错误使用"的方法主要有,建立新类型 / 限制类型上的操作、束缚对象值以及消除用户的资源管理责任。

◉ 编程提示 28 以本题中自定义函数 calculate( ) 的接口设计为例,如果根据题目给出长日期格式,直接以长日期格式 int longday 作为函数的形参,看似实现简单,但是它违背了"单一责任、接口友好、扩展便捷"的接口设计原则。① 违背单一责任:变量 longday 将年月日三部分信息混合在一起处理,这导致当修改代码中的一个职责时会直接影响另一个职责的功能,给程序维护带来不必要的风险。② 违背接口友好:以长日期格式 longday 输入时间的方式和用户正常的年、月、日分离的思维习惯不一致,带来理解障碍和数据准备的不方便,并且容易引起误操作,同时难以对错误输入产生足够的约束,如仅输入 0610 等错误格式。③ 违背扩展便捷:在某些情况下,用户可能不需要输入完整的日期,因此,采用松耦合方式将一个长日期格式划分为年、月、日三个相互独立的部分,易于程序的扩展和维护。

6.4 数组:验证哥德巴赫猜想

验证 2000 以内任何一个大于 2 的偶数都可以写成两个素数的和。

输入:无

输出:多行,每行一个形如 n=a+b 的表达式,其中,n 表示一个范围在 (2,2000] 内的偶数;a 和 b 表示两个素数,它们的和等于 n。要求,按照 n 从小到大的顺序输出所有满足要求的表达式,并且被加数不大于加数,即 a≤b。若某个数 n 有多种表示,如 20=3+17=7+13,输出其中任何一种均可。

样例:

样例输入	样例输出
无	4 = 2 + 2 6 = 3 + 3 …… 1998 = 5 + 1993 2000 = 3 + 1997

难度等级:****

问题分析:本题主要考查使用数组高效地查找数据。解答本题需要利用数组模拟一个简单数据库,用来管理 2000 以内的所有素数,以方便在验证哥德巴赫猜想时,快速获取满足要求的两个素数。注意,在对数组执行各种操作(如增、删、改、查)时,不能破坏其有序性。根据素数的定义,1 和 2 都不是素数。

首先通过遍历找到 2000 以内所有大于 2 的偶数,记为 n;然后验证对任意 n,存在两个素数 a 和 b,满足 n=a+b。进一步地,为了提高对素数 a 和 b 的查询效率,可以单独定义一个标记数组,如表 6-2 所示,它构造了一种元素值和下标之间的映射关系。如果下标是素数,则将该位置上的元素值标记为 1;否则,标记为 0。

表 6-2   标记数组中下标和元素值的映射关系

元素值	0	0	1	1	0	1	0	1	0	0	0	1	…
下标	0	1	2	3	4	5	6	7	8	9	10	11	…

实现要点:首先,定义一个数组 prime[ ],按升序存储所有不超过 2000 的素数。其次,巧妙地设计一个标记数组 is_prime[ ],它利用元素值 0 或 1 标记该元素的下标是否是素数。如 is_prime[7]=1,表示下标 7 是一个素数。标记数组 is_prime[ ] 属于一种以空间换时间的性能调优策略,它在很大程度上解决了查找耗时的效率难题,如当判断某个数 k 是否是素数时,普通方法需要遍历整个数组 prime[ ],查找的时间复杂度函数是 $O(n)$(二分查找的查找效率是 $O(\log_2 n)$),而标记映射法只需要直接访问标记数组 is_prime[k] 中的元素值,查找的时间复杂度是 $O(1)$。最后,采用两层 for 循环嵌套结构,外层 for 循环负责遍历在 [4,2000] 上的所有偶数 n;内层 for 循环负责遍历标记数组 isPrime[ ] 中的所有元素,计数器变量为 j,如果在内层循环体中,if 条件表达式 is_prime[n-prime[j]]==1 为真,则表示偶数 n 可以写成两个素数的和,这两个素数分别为 prime[j] 和 n-prime[j]。

参考代码:

```
1    int isPrime(int x);
```

```
2    int main()
3    {
4        int n, is_prime[2001], prime[2001], num = 0, j;
5
6        for(n = 2; n <= 2000; n++)
7        {
8            if(isPrime(n) == 1)
9            {
10               is_prime[n] = 1;
11               prime[num++] = n;
12           }
13       }
14
15       for(n = 4; n <= 2000; n += 2)
16       {
17           for(j = 0; j < num; j++)
18           {
19               if(n - prime[j] > 0)
20               {
21                   if(is_prime[n - prime[j]] == 1)
22                   {
23                       printf("%d=%d+%d\n", n, prime[j], n - prime[j]);
24                       break;
25                   }
26               }
27           }
28       }
29       return 0;
30   }
31
32   int isPrime(int n)
33   {
34       for(int i = 2; i*i <= n; i++)
35       {
36           if(n%i == 0)
37               return 0;
38       }
39       return 1;
40   }
```

本题的设计方法很巧妙,读者可以仔细体会。函数 isPrime(int n) 是判断整数 n 是否为素数的一种直观方法,还有更高效的判断素数方法,感兴趣的读者可以查阅相关资料。

6.5 数组:多项式加法

一元多项式的定义是:设 $c_0,c_1,\cdots,c_n$ 都是数域 F 中的数,n 是非负整数,那么表达式 $c_nx^n+c_{n-1}x^{n-1}+\cdots+c_1x+c_0$ 就是数域 F 上关于变量 x 的多项式或一元多项式。其中,$c_kx^k(1\leq k\leq n)$ 代表该一元多项式中的一个项,c_k 是该项的系数,k 是该项的指数。

现在给定两个整数数域上关于变量 x 的一元多项式 $f(x)$ 和 $g(x)$,编程求出二者相加后产生的一元多项式 $f(x)+g(x)$,并要求不再输出系数为 0 的项。

输入:三行,第一行两个整数 N,M($1\leq N,M\leq 100000$),分别代表 $f(x)$ 和 $g(x)$ 的项数;第二行 2N 个整数,第 2i-1 和 2i 个整数分别代表 $f(x)$ 中的第 i 项的系数 a_i 和指数 s_i,a_i 和 s_i 在 int 范围内,且 $a_i\neq 0$;第三行 2N 个整数,第 2j-1 和 2j 个整数分别代表 $g(x)$ 中的第 j 项的系数 b_j 和指数 t_j,b_j 和 t_j 在 int 范围内,且 $b_j\neq 0$。输入中多项式 $f(x)$ 和 $g(x)$ 各项按指数严格降序给定。

输出:一行,包含偶数个整数,第 2k-1 和 2k 个整数分别代表 $f(x)+g(x)$ 中第 k 项的系数和指数,并以指数严格降序输出。

样例:

样例输入	样例输出
3 2 6 3 3 2 9 1 -6 3 -5 1	3 2 4 1

样例解释:根据题意可知 $f(x)=6x^3+3x^2+9x$ 和 $g(x)=-6x^3-5x$,因而 $f(x)+g(x)=3x^2+4x$,即输出应该是 3 2 4 1。

难度等级:****

问题分析:本题主要针对数组及数组越界相关知识进行训练。通过本题的训练,增强数组的复杂应用能力,以及判断数组越界的分析能力。如果多项式的每一项指数部分都在 $[0,10^5]$ 上,则只需要设置一个数组 int coe[100005],每次读入的时候都以指数作为数组下标,将系数记录进 coe 数组中即可完成任务,但本题中指数范围较大(int 范围,甚至可能是负数),直接采用上述方法进行计算将会导致数组越界,因此需要考虑其他方法。

实现要点:注意到题目中的 $f(x)$ 和 $g(x)$ 都是以严格降序给出的,因此可以考虑用两个变量 p、q 记录当前正在处理 $f(x)$ 和 $g(x)$ 从大到小的第 i 项。一开始时 p=q=1,比较第 p 项和第 q 项的指数部分:

(1) 若指数部分相同,则说明这两项的系数部分在结果中应当相加,并将 p,q 都加 1;

(2) 若 p 对应的指数部分较大,则说明只有 $f(x)$ 在结果的这一项中出现,并将 p 向后移动一位;

（3）若 q 对应的指数部分较大，则说明只有 g(x) 在结果的这一项中出现，并将 q 向后移动一位；

（4）当 p、q 都移动最后一位后，多项式相加也被计算出来了，可以发现，通过该方法得到的多项式，其指数部分也是严格递减的。由于 p、q 只会移动最多 N+M 次，因此总循环次数不超过 N+M 次。

另外需要注意的是，本题的系数可能超过 int 范围，因此需要采用 long long 进行存储。
参考代码：

```
1    #define N (200000 + 5)
2    long long a[N], b[N];
3    long long s[N], t[N];
4
5    int main()
6    {
7        int n, m, i, p = 1, q = 1;
8        scanf("%d%d", &n, &m);
9        for(i = 1; i <= n; i++)
10           scanf("%lld%lld", &a[i], &s[i]);
11       for(i = 1; i <= m; i++)
12           scanf("%lld%lld", &b[i], &t[i]);
13
14       while(p <= n || q <= m)
15       {
16           if((p <= n && q <= m && s[p] > t[q]) || q > m)
17           {
18               // 只计算 p 的情况：p 对应的指数较大，或另一个数组已经扫描完了
19               printf("%lld %lld ", a[p], s[p]);
20               p++;
21           }
22           else if((p <= n && q <= m && s[p] < t[q]) || p > n)
23           {
24               // 只计算 q 的情况：q 对应的指数较大，或另一个数组已经扫描完了
25               printf("%lld %lld ", b[q], t[q]);
26               q++;
27           }
28           else
29           {
30               // 合并系数的情况：p 和 q 都没扫描完，且 f 的第 p 项和 g 的第 y 项系数相等
31               if(a[p] + b[q] != 0)
```

```
32                    printf("%lld %lld ", a[p] + b[q], t[q]);
33                p++, q++;
34            }
35        }
36        return 0;
37    }
```

6.6 字符数组:身份证信息提取器

给出某人 18 位的居民身份证号,提取他的出生日期。

输入:一行,一个 18 位字符串,表示某人的合法居民身份证号。

输出:一行,一个 8 位字符串,表示提取的 yyyymmdd 格式的出生日期。

样例:

样例输入	样例输出
150303190108074027	19010807

难度等级:*

问题分析:本题主要是字符串和字符数组的应用。解答本题需要利用字符串处理方法实现简单的文本分析。已知 18 位身份证号的第 7 ~ 14 位表示出生日期,如身份证号 150303190108074027 提取出的出生日期为 1901 年 8 月 7 日。注意,对于身份证号、手机号、邮编等信息,它们的字面值都是数字,但是具有文本特征,为了方便程序处理,更适合采用字符串或字符数组存储。

实现要点:采用字符数组存储和处理字符串。注意,C 语言规定字符串存储要以 '\0' 为结束标志,因此,如果使用字符数组存储长度为 n 的字符串,则该字符数组的长度至少定义为 n+1。在提取出生日期的年、月、日时,直接通过数组下标访问身份证号的第 7 ~ 14 位,采用字符运算提取出相应的数字,并转换为十进制整数,如参考代码第 6 ~ 8 行。

参考代码:

```
1    char id[20]; //定义一个长度为 20 的字符数组存储 18 位的身份证号
2    int year, month, day;
3
4    scanf("%s", id);
5
6    year = (id[6] - '0') * 1000 + (id[7] - '0') * 100 + (id[8] - '0') *
     10 + id[9] - '0';
7    month = (id[10] - '0') * 10 + id[11] - '0';
8    day = (id[12] - '0') * 10 + id[13] - '0';
```

```
9
10   printf("%d%02d%02d", year, month, day);
```

⊙ **编程提示 29** 字符串的有效长度和字符串的实际长度:字符串的有效长度又称为字符串长度,是指字符串包含的实际字符个数,包括空白字符(字符、换行符、回车符和制表符),但是不包括字符串结束标志 "\0",可以通过 strlen( ) 获得;字符串的实际长度是指字符串在内存中占用的字节数,包括字符串结束标志 '\0',即实际长度 = 有效长度 +1。

⊙ **编程提示 30** 18 位居民身份证的 1 ~ 2 位表示省、自治区和直辖市代码;3 ~ 4 位表示地级市、盟、自治州代码;5 ~ 6 位表示县、县级市、区代码;7 ~ 14 位表示出生年月日;15 ~ 17 位表示顺序号,其中,第 17 位为单数表示男,为双数表示女;18 位表示按公式计算的校验码,0 ~ 9 和 X(X 表示 10)。

6.7 字符数组:大整数乘法

给出两个大正整数 a 和 b,计算它们的乘积。

输入:两行,第一行是一个正整数,表示被乘数 a;第二行也是一个正整数,表示乘数 b。已知 $0<a\le10^{2000}$,$0<b\le10^{2000}$。

输出:一行,一个正整数,表示 a 乘 b 的结果。

样例:

样例输入 1	样例输出 1
20 300	6000
样例输入 2	样例输出 2
12193263111263526900000 12345678900098765432100	150534111126917205387841736112484734900000000

难度等级:****

问题分析:本题主要考查利用数组解决高精度计算问题,并且理解多位数乘法的编程实现。解答本题需要利用"大整数相乘"的计算公式。这里采用传统的叠加法,即模拟乘法的竖式计算,按照"逐位相乘、错位相加"的思路:首先,用乘数的每一位乘以被乘数的每一位;然后,再按权值叠加每一位的乘积;最后,处理各位上的进位,得到结果。若两个 n 位数相乘,其叠加法的实现过程如图 6-1 所示。

上述运算也可采用公式表示。为了不失一般性,假设被乘数 X 是一个 n 位数,则其可表示为:

$$X = x_{n-1}x_{n-2}\cdots x_i\cdots x_1x_0 = \sum_{i=0}^{n-1} x_i\times10^i$$

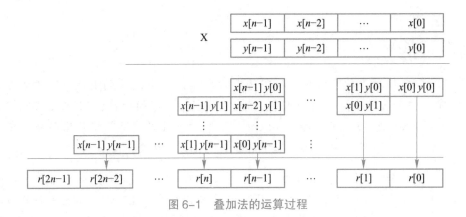

图 6-1　叠加法的运算过程

假设乘数 Y 是一个 m 位数,则其可表示为:

$$Y = y_{m-1}y_{m-2}\cdots y_j\cdots y_1 y_0 = \sum_{j=0}^{m-1} y_j \times 10^i$$

那么 X 和 Y 两个数的乘积 $R = X \times Y$ 可表示为:

$$R = \sum_{j=0}^{n+m-2} r_j \times 10^j$$

其中

$$r_j = \sum_{k=0}^{j} x_{j-k} \times y_k$$

为了降低叠加法的实现难度,采用字符数组存储大整数,直接以字符串形式接收大整数,并按位存储到数组中,有效解决了 C 语言中 int 类型不能表示大整数的难题。叠加算法的主要步骤如下:

第 1 步:输入两个大正整数 a 和 b(字符串形式),分别存储到两个字符数组中(此时,字符数组最高位存储的是大整数的最低位)。

第 2 步:为了符合乘法竖式计算的顺序(从低位到高位),分别以逆序方式将两个字符数组中的元素存储到新的整型数组中,并将元素类型转换为整型(此时,整型数组最高位存储的是超大整数的最高位)。

第 3 步:采用两层循环嵌套结构实现大整数的"按位相乘、错位相加"操作,并将计算出的中间结果暂存到新数组中。

第 4 步:单独处理新数组中的进位。从下标 0(最低位)开始逐位判断当前位置上的元素值是否超过 10,如果超过,则将超过部分向前进位,具体方法是:将元素值除以 10,将其商加到高一位中,将其余数保留到数组原位中。

第 5 步:格式化结果,去除数组中的前导 0(从数组的首个非 0 高位开始,依序输出每一位)。

实现要点:设计时主要解决三个问题:①大整数的存储问题,定义两个大容量的字符数组,char bigDataA[2050] 和 char bigDataB[2050],将大整数的每一位数字以字符形式存储到数组中;②大整数乘法的计算问题,定义两个大容量的整型数组,int revA[2050] 和 int revB[2050],分别以整型形式、逆序存储字符数组中的各元素;③超大结果的存储问题,定义一个超大容量的整型数组，int rev[4100]，该数组长度的上限是由两个大整数 a 和 b 的最大值确定的（乘积的位数最长为两个操作数的位数之和）。注意，执行完大数相乘的主要操作（逐位相乘、错位相加）后，还需要单独处理进位问题。如下实现中用到了字符串处理函数，记得在代码的最开始用预处理指令 #include <string.h> 来包括字符串处理的头文件。

参考代码：

```
1   char bigDataA[2050], bigDataB[2050];
2   int revA[2050] = {0}, revB[2050] = {0}, res[4100] = {0};
3   int len_a, len_b, len_max, i, j;
4
5   scanf("%s", bigDataA);
6   scanf("%s", bigDataB);
7
8   len_a = strlen(bigDataA);
9   len_b = strlen(bigDataB);
10
11  //分别将两个字符数组中的数字元素倒序存储到相应的整型数组中
12  for(i = 0; i < len_a; i++)
13      revA[i] = bigDataA[len_a - i - 1] - '0';
14  for(i = 0; i < len_b; i++)
15      revB[i] = bigDataB[len_b - i - 1] - '0';
16
17  //计算出初步的结果，逐位相乘、错位相加
18  for(i = 0; i < len_a; i++)
19      for(j = 0; j < len_b; j++)
20          res[i + j] += revA[i] * revB[j];
21
22  len_max = len_a + len_b; //表示乘积位数，它最长为两个操作数的位数之和
23
24  //处理进位
25  for(i = 0; i < len_max - 1; i++)
26  {
27      if(res[i] > 9)
28      {
29          res[i + 1] += res[i] / 10;
30          res[i] %= 10;
31      }
32  }
33
34  //去除前导零
```

```
35    while(res[len_max - 1] == 0 && len_max > 1)
36        len_max--;
37
38    // 输出结果
39    for(i = len_max - 1; i >= 0; i--)
40        printf("%d", res[i]);
```

对于输入规模为 n（输入数据的位数）的大整数乘法，上述方法所需的计算复杂度为 $O(n^2)$，当 n 较大时，该方法的效率较低。还有 $O(n\log_2 n)$ 的高效算法，感兴趣的读者可自行研究。

⊙ 编程提示 31　高精度运算是指参与运算的数据大小超出了 C 语言中常规数据类型（如 int、double、long long 等）所能表示的范围。编程时，主要解决大数据的存储和计算问题，需要设计合适的数据结构和算法。

6.8　二维数组：最小汉明距离

在信息的传递过程中，通常用一串 01 序列来表示信息并进行传输、加密、解密等操作，这样的 01 序列被称为信源编码，序列的长度为编码的码长。如果编码的码长是固定的，则称其为定长码。对于两个码长为 n 的定长码 $\boldsymbol{u}=u_1u_2\cdots u_n$ 和 $\boldsymbol{v}=v_1v_2\cdots v_n$，其中 $u_i, v_i \in \{0,1\}, 1 \le i, j \le n$，则定义其汉明距离为：

$$d(\boldsymbol{u},\boldsymbol{v}) = \sum_{i=1}^{n}|u_i - v_i|$$

给出一个有 m 个定长码的集合，编程求出这个集合中的最小汉明距离，不考虑一个编码和其本身的汉明距离。

输入：第一行为两个用空格分隔的正整数 n 和 m（$0 < n \le 1000, 0 < m \le 100$），其含义见题目介绍。接下来 m 行，每行是一个长度为 n 的 01 字符串，表示集合中的一个定长码。

输出：输出一个整数 d，表示这个集合中的最小汉明距离。

样例：

样例输入	样例输出
5 3 00000 11100 00011	2

样例解释：样例的编码集合中有 3 个定长码，不妨分别称其为 u1、u2 和 u3，其中 u1 和 u2 的汉明距离等于 3，u1 和 u3 的汉明距离等于 2，u2 和 u3 的汉明距离等于 5，所以输出最小汉明距离 d 等于 2。

难度等级：**

问题分析:本题是二维字符数组的简单应用。两个用01序列表示的编码,其汉明距离就是相对应的编码位上不同数字的个数。因此,通过比较两个编码中每一位的值,以统计不同数字的个数。

实现要点:用二维字符数组存储读入的m个字符串,然后采用二重循环遍历每一对编码,计算其汉明距离,更新最小值,注意最小值的初始值不能比n小。

参考代码:

```
1    char code[102][1005];              // 存储字符串
2    int n, m, i, j, k, distance;
3    int ans = 1005;                    // 最小值,其初始值为1005
4
5    scanf("%d%d", &n, &m);
6    for(i = 0; i < m; i++)
7        scanf("%s", code[i]);
8
9    for(i = 0; i < m; i++)
10   {
11       for(j = i+1; j < m; j++)
12       {
13           distance = 0;              // 计算新一组编码的距离时对变量重新赋值
14           for(k = 0; k < n; k++)
15               distance += (code[i][k] != code[j][k]);
16           if(distance < ans)
17               ans = distance;        // 更新最小值
18       }
19   }
20   printf("%d\n", ans);
```

6.9 二维数组:数独棋盘

由9个3×3的九宫格通过3行3列排布形成一个数独棋盘,在该棋盘每行的格子中分别填入1,2,3,…,9这些数字,一个数字在任意1行、1列以及一个九宫格内都只能用一次。注意这里九宫格是指没有重合的9个3×3的九宫格。图6-2所示是一个已经填好并且正确的数独棋盘。

输入:共9行,每行9个数字,表示一个已经填好的数独棋盘,并且只填了1,2,…,9中的数字,其中同一行中

4	1	3	8	6	2	9	5	7
6	2	7	5	1	9	8	4	3
5	9	8	4	7	3	2	6	1
7	4	6	1	5	8	3	9	2
8	3	9	7	2	6	5	1	4
1	5	2	9	3	4	6	7	8
3	6	1	2	9	7	4	8	5
9	8	5	3	4	1	7	2	6
2	7	4	6	8	5	1	3	9

图6-2 由9个九宫格组成的数独棋盘

相邻两个数字之间用一个空格隔开。

　　输出:如果这个棋盘是正确的,则输出 GREAT! O(^_^)O;否则,输出 ERROR! ~>_<~。

　　样例:

样例输入 1	样例输出 1
4 1 3 8 6 2 9 5 7 6 2 7 5 1 9 8 4 3 5 9 8 4 7 3 2 6 1 7 4 6 1 5 8 3 9 2 8 3 9 7 2 6 5 1 4 1 5 2 9 3 4 6 7 8 3 6 1 2 9 7 4 8 5 9 8 5 3 4 1 7 2 6 2 7 4 6 8 5 1 3 9	GREAT! O(^_^)O
样例输入 2	样例输出 2
4 1 3 8 6 2 9 5 7 6 2 7 5 1 9 8 4 3 5 9 8 4 7 3 2 6 1 7 4 6 1 5 8 3 9 2 8 3 9 7 2 6 5 1 4 1 5 2 9 3 4 6 7 8 3 6 1 2 9 7 5 8 4 9 8 5 3 4 1 6 2 7 2 7 4 6 8 5 1 3 9	ERROR! ~>_<~

　　难度等级:***

　　问题分析:本题主要是二维数组的基本应用。数独棋盘正确的条件是:① 每行中都填有 $1,2,\cdots,9$ 且不重复;② 每列中都填有 $1,2,\cdots,9$ 且不重复;③ 每一个 3×3 的九宫格中都填有 $1,2,\cdots,9$ 且不重复。由于数独棋盘中只填了 $1,2,\cdots,9$ 中的数字,所以只需要通过遍历检查每行、每列以及每个九宫格的数字是否有重复,即可判断是否满足上述条件。

　　实现要点:使用二维数组存储数独棋盘的数字,然后通过遍历二维数组检查数字是否重复。可以定义一个一维整型数组 num[10] 来记录每个数字在某一行、某一列或者某一个九宫格内出现了多少次。为方便操作,只使用一维数组下标为 1 ~ 9 的 9 个数组元素,这样数组下标即为要检查的数字,其对应的数组元素存储数字出现的次数。当某一个数字在某行或某列或某个九宫格内重复出现时,则表示数独棋盘不正确,将标志变量 flag 置 0。最后根据 flag 的值输出相应的字符串。

　　参考代码:

```
1    int i, j, k, l, x, y, flag = 1;
2    int num[10] = {0}, map[10][10] = {0};
3    for(i = 0; i < 9 && flag; i++)
```

```
4   {
5       for(j = 1; j <= 9; j++)
6           num[j] = 0;
7       for(j = 0; j < 9; j++) //输入并判断每行是否合法
8       {
9           scanf("%d", &map[i][j]);
10          if(num[map[i][j]]) //若一行有重数k,该数第二次出现时num[k]为真,该行非法
11          {
12              flag = 0;
13              break;
14          }
15          else
16              num[map[i][j]]++;
17      }
18  }
19
20  for(j = 0; j < 9 && flag; j++)
21  {
22      for(i = 1; i <= 9; i++)
23          num[i] = 0;
24      for(i = 0; i < 9; i++) //判断每列是否合法
25      {
26          if(num[map[i][j]])
27          {
28              flag = 0;
29              break;
30          }
31          else
32              num[map[i][j]]++;
33      }
34  }
35  for(i = 0; i < 9 && flag; i += 3)
36  {
37      for(j = 0; j < 9 && flag; j += 3)
38      {
39          for(k = 1; k <= 9; k++)
40              num[k] = 0;
41          for(k = 0; k < 3 && flag; k++) //判断每个九宫格是否合法
42          {
```

```
43              for(l = 0; l < 3; l++)
44              {
45                  x = i + k;
46                  y = j + l;
47                  if(num[map[x][y]])
48                  {
49                      flag = 0;
50                      break;
51                  }
52                  else
53                      num[map[x][y]]++;
54              }
55          }
56      }
57  }
58  printf(flag ? "GREAT! O(^_^)O\n" : "ERROR! ~>_<~\n");
```

6.10　二维数组:矩阵加密

　　使用给定的 m 行 n 列矩阵密钥对一个明文字符串进行加密,获得对应的密文字符串。具体的加密方法为:① 利用表 6-3 所示的字母 – 数字对照表将明文字符串中的每一个字母转换为对应的数字;② 将生成的一串明文数字按矩阵行优先规则转换为 m 行 n 列明文数字矩阵,不足时后面补 0 ;③ 明文数字矩阵与密钥矩阵相乘,得到加密后的密文数字矩阵;④ 反向利用表 6-3 所示的字母 – 数字对照表,将密文数字矩阵中的数字按行优先顺序解析成由字母和空格构成的密文字符串(数字超过 27 时先对 27 求余)。

表 6-3　字母 – 数字对照表

字母	a	b	c	d	e	f	g	h	i	j	k	l	m	n
数字	1	2	3	4	5	6	7	8	9	10	11	12	13	14
字母	o	p	q	r	s	t	u	v	w	x	y	z	space	
数字	15	16	17	18	19	20	21	22	23	24	25	26	0	

　　输入:共 2+p 行,第一行是两个不大于 100 的正整数 p 和 n,分别表示密钥矩阵的行数和列数;接下来 p 行,每行 n 个不大于 1000 的正整数,表示矩阵密钥;最后一行是一个长度不超过 2000 的字符串(只包含小写字母和空格),表示明文。有多个数时,数据之间用一个空格分隔。

　　输出:共 1 行,一个字符串,表示密文。

样例：

样例输入 1	样例输出 1
1 1 3 hello	xoiir
样例输入 2	样例输出 2
3 3 1 2 3 4 5 6 7 8 9 good morning cpp	jtcnduwpifilph peu

样例说明：样例输入 1 中第一行 1 1 表示需要一个 1 行 1 列的密钥矩阵；第二行 3 表示该密钥矩阵的每个元素值；第三行 hello 表示一个待加密的明文字符串，按表 6-3 转换后对应的数字串为 (8 5 12 12 15)，进一步转换为 5 行 1 列的矩阵 $(8\ 5\ 12\ 12\ 15)^T$，与密钥矩阵相乘后得到密文数字矩阵为 $(24\ 15\ 36\ 36\ 45)^T$，将矩阵对 27 求余得到更新后的密文数字矩阵 $(24\ 15\ 9\ 9\ 18)^T$；样例输出 1 是加密后的结果（将密文数字矩阵按表 6-3 反向查表）。

难度等级：***

问题分析：本题主要考查二维数组的使用。解答本题需要利用矩阵乘法公式。设 A 为 $(a_{ij})_{m\times p}$ 的矩阵，B 为 $(b_{ij})_{p\times n}$ 的矩阵，当矩阵 A 的列数（column）等于矩阵 B 的行数（row）时，A 与 B 可以相乘。C 为 A 与 B 的乘积矩阵，记 $C=(c_{ij})_{m\times n}$，其中 $c_{ij}=\sum_{k=1}^{p}a_{ik}b_{kj}=a_{i1}b_{1j}+a_{i1}b_{1j}+\cdots a_{ip}b_{pj}$。

实现要点：根据程序设计的 IPO 模式（input-process-output），以数据为主线将解题过程划分为三个阶段：首先存储数据，分别定义了不同维度和不同大小的全局数组，分别存储密钥矩阵、明文、密文、字母－数字对照表等信息。然后处理数据，主要利用字母－数字对照表 6-3 将明文字符串转换为指定大小的数字矩阵 plain_matrix，再通过矩阵乘法运算，plain_matrix * key_matrix，计算出加密后的密文数字矩阵 cipher_matrix。最后输出数据，反向利用表 6-3 所示的字母－数字对照表，首先将密文数字矩阵 cipher_matrix 解析成由数字构成的密文数字数组 cipher_digit，再将 cipher_digit 解析成由字母和空格构成的密文字符数组 cipher_char。

计算矩阵乘法 plainMatrix * keyMatrix 时，采用两层 for 循环嵌套结构，外层 for 循环按行遍历左矩阵 plainMatrix 中的元素，内层 for 循环按列遍历右矩阵 keyMatrix 中的元素。

参考代码：

```
1    int key_matrix[100][100];              //存储矩阵密钥
2    int plain_matrix[100][2000];           //存储明文字符串对应的明文数字矩阵
3    int cipher_matrix[2000][100];  //存储密文数字矩阵,密文数字矩阵=明文数字矩阵*矩阵密钥
4    char plain_char[2000], cipher_char[2000];   //分别存储明文字符和密文字符
5    int plain_digit[2000], cipher_digit[2000];  //分别存储明文数字和密文数字
```

```
6
7     int main()
8     {
9         int m, p, n, i, j, k, len, current;
10        scanf("%d%d", &p, &n);
11        for(i = 0; i < p; i++)
12            for(j = 0; j < n; j++)
13                scanf("%d", &key_matrix[i][j]);
14
15        while(getchar() != '\n');          //去除 scanf() 遗留在缓冲区中的回车
16        fgets(plain_char, 2000, stdin); //输入明文
17        len = strlen(plain_char);
18
19        while(plain_char[len-1] == '\r' || plain_char[len-1] == '\n') //去除行末换行符
20        {
21            len--;
22            plain_char[len] = '\0';
23        }
24        for(i = 0; i < len; i++)
25            if(plain_char[i] == ' ')
26                plain_digit [i] = 0;
27            else
28                plain_digit[i] = plain_char[i] - 96;
                    //小写字母的 ASCII 码值减 96 对应 1 ~ 26
29
30        m = len/p + (len%p != 0); //向上取整计算 plain_matrix 的行数
31        for(i = 0, current = 0; i < m; i++)
32            for(j = 0; j < p; j++, current++)
33                if(current < len)
34                    plain_matrix[i][j] = plain_digit[current];
35                else
36                    plain_matrix[i][j] = 0; //用 0 补全矩阵最后一行
37
38        for(i = 0; i < m; i++)
39        {
40            for(j = 0; j < n; j++)
41            {
42                cipher_matrix[i][j] = 0;
43                for(k = 0; k < p; k++)
```

```
44                              cipher_matrix[i][j] += plain_matrix[i][k] * key_matrix[k][j];
45                          }
46                      }
47
48      // 为了满足数字字母的对应关系,需要令数字在 0 ~ 26 的范围内
49      for(i = 0, current = 0; i < m; i++)
50          for(j = 0; j < n; j++, current++)
51              cipher_digit[current] = cipher_matrix[i][j] % 27;
52
53      len = m*n;
54      for(i = 0; i < len; i++)
55          if(cipher_digit[i] == 0)
56              cipher_char[i] = ' ';
57          else
58              cipher_char[i] = cipher_digit[i] + 96;
59
60      cipher_char[i] = '\0';
61      puts(cipher_char);
62      return 0;
63  }
```

6.11 本章小结

数组是最简单的一种复合数据类型,它以"物理位置相邻"来表示数据元素间的线性关系,支持按索引访问和遍历。通过本章学习,需要掌握一维数组和二维数组的使用、熟悉字符数组和字符串的相关操作、理解数组的顺序存储结构、会使用常用的数组类算法和数据结构解决实际问题。其中,传递数组参数、二维数组结构是本章内容的难点,对这些内容的深入理解和掌握需要结合后面指针的学习才能融会贯通。

第 7 章　指针基础

本章主要包括指针定义、指针运算和表达式等指针的基本应用,通过本章训练,能够深入理解指针与变量以及指针与地址的关系,掌握指针编程带来的便捷和高效,为编写出更优美的程序奠定基础。

7.1　指针与字符串处理:子串逆置

将字符串 S 中所有与字符串 T 匹配的子串都逆置,然后输出逆置后的字符串。

输入:一行,用空格分隔的两个字符串 S 和 T,其长度均小于等于 200,并且只由大小写字母和数字组成。

输出:一行,经过子串逆置变化后的字符串 S。

样例:

样例输入 1	样例输出 1
WindowsPowerShell ow	WindwosPwoerShell
样例输入 2	样例输出 2
aaaa aa	aaaa
样例输入 3	样例输出 3
ababab ab	bababa

样例说明:① S 中与 T 匹配的子串互不相交,且不用考虑逆置后会构成新的子串的情况。② 注意可能会有回文串逆置后不变的情况,这并不算新的子串,因此在成功匹配到符合条件的子串后,应该将指针后移继续匹配,例如样例 2 中,首先字符串 aaaa 的前两个 a 与子串 aa 匹配,将前两个 aa 逆置,然后从第三个 a 开始下一次匹配,同样的后两个 a 与子串 aa 匹配,将其逆置,匹配结束,得到最后的字符串 aaaa。③ ababab 和 ab 匹配,第一次匹配的是第一和第二个字母,接下来应该从第三个字母开始继续往后匹配。

难度等级:**

问题分析:本题主要使用指针及字符串函数实现字串逆置,掌握字符串查找、字符串逆置等的实现方法。首先需要找到字符串 S 中子串 T 的首尾地址,用字符型指针变量储存,然后根据首尾地址实现这一部分子串的逆置,这一部分可以封装成一个函数来实现。

实现要点:查找子串可以使用 C 标准库中的 strstr( ) 函数,该函数的头文件是 <string.h>,函数原型为 char *strstr(const char *haystack,const char *needle),其功能是在指针 haystack 指向的字符串中查找指针 needle 指向的子字符串第一次出现的位置。如果能找到,则返回该子串第一次出现位置的首地址；如果未找到，则返回空指针，即 NULL，见参考代码第 7 行。若找到子串 needle，其首地址记为 p，则子串的尾地址为 p+strlen（needle）-1（指针变量的运算相关知识），将这两个地址传给字串逆置函数即可，见参考代码第 9 行。为了避免重复匹配，用字符型指针变量 pstr 记录当前开始匹配的地址（见参考代码第 10 行）。自定义字符串逆置函数见参考代码第 16 ～ 24 行，该函数在字串处理中会经常使用，有必要熟练掌握。

参考代码：

```
1    void rev(char *, char *);            //字符串逆置函数
2
3    int main()
4    {
5        char str[205], substr[205], *p = NULL, *pstr = str;
6        scanf("%s%s", str, substr);
7        while((p = strstr(pstr, substr)) != NULL)
8        {
9            rev(p, p + strlen(substr) - 1);
10           pstr = p + strlen(substr);         //下一次从找到的 substr 之后开始查找
11       }
12       puts(str);
13       return 0;
14   }
15
16   void rev(char *first, char *last)
17   {
18       char tmp;
19       while(first < last)
20       {
21           tmp = *last, *last = *first, *first = tmp;
22           first++, last--;
23       }
24   }
```

7.2　指针与字符串处理：字符串倒序拼接

输入 n 行字符串，将这些字符串按行倒序拼接为一个新的字符串 str（即最后一行最先拼接，第一行最后拼接），再在 str 中查找子串 substr 最后一次出现的位置。

输入：共 n+2 行，第一行一个正整数 n，表示待拼接的字符串有 n 行，其中 n≤1000；接下来 n 行，每行一个字符串，其长度不超过 100，即 str 总长度不超过 100000；第 n+2 行一个字符

串 substr,其长度不超过 100,表示要查找的子串。所有字符串中的字符均为可见字符(包含空格),若匹配的是字母则区分大小写。

输出:两行,第一行输出拼接后的字符串 str;第二行,若 str 中存在子串 substr,则输出子串在 str 中最后一次出现的位置,若不存在则输出 nothing。

样例:

样例输入	样例输出
3 my right brain has nothing left... My left brain has nothing right,and My brain has two parts: the left and the right. left	My brain has two parts:the left and the right. My left brain has nothing right,and my right brain has nothing left... 113

样例说明:子串为 left,这个字符串在 str 中最后一个单词中出现,并且字母 l 是 str 中的第 113 个字符(从 1 开始数起)。

难度等级:**

问题分析:本题主要针对字符串库函数及指针进行训练,掌握 strcat( ) 和 strstr( ) 两种函数的使用,以及指针在处理字符串问题中的灵活性。先使用 strcat( ) 函数实现字符串的拼接,再使用 7.1 中的方法,循环找到最后那个相匹配的子串即可。

实现要点:字符串库函数 strcat( ),其函数原型为 char *strcat(char *dest,const char *src),功能是把 src 所指向的字符串追加到 dest 所指向的字符串的结尾。代码实现时,可以用一个二维字符数组 s 来存储输入的 n 个字符串,存储拼接后的字符数组 str 要足够大。倒序拼接从后往前循环,如代码第 10 行和第 11 行;查找最后一个子串的位置只需要利用 strstr( ) 函数找到最后一个子串的地址,注意在循环查找子串时传入的参数应该是 p+1,而不是 p+strlen(substr),这与问题 7.1 稍有不同,读者可以思考一下两者的区别。

参考代码:

```
1    int n, i;
2    char s[1000][105] = {0}, str[105000] = {0}, substr[105] = {0}, *p, *q;
3
4    scanf("%d", &n);
5    while(getchar() != '\n');          // 读完第 1 行剩下的字符,即清空输入缓冲区
6    for(i = 0; i < n; i++)             // 循环输入多行字符串
7        gets(s[i]);
8    gets(substr);
9
10   for(i = n-1; i >= 0; i--)          // 倒序循环完成拼接
11       strcat(str, s[i]);
12   printf("%s\n", str);
13
```

```
14    p = strstr(str, substr);
15    q = p;                                // q 指向当前最后匹配的子串位置
16    if(p != NULL)                         // 如果能匹配到子串
17    {
18        while(p)
19        {
20            q = p;
21            p = strstr(p+1, substr);      // 注意此处从 p+1 开始查找
22        }
23        printf("%ld\n", q-str+1);         // 最后一个子串的位置,直接用指针减法
24    }
25    else                                  // 如果不能匹配到子串
26    {
27        printf("nothing\n");
28    }
```

7.3　指针与字符串处理:清理字符串

假设一个字符串中不允许先后出现小写的 'c' 'b' 'j' 字符,哪怕中间有其他字符间隔也不行。对于长度为 n 的字符串,从第一个字符开始依次赋予 $1, 2, 3 \cdots n$ 的权值,当存在多个 "cbj" 时,优先删掉三个字母权值之和最小的 "cbj",再删掉权值之和次之的 "cbj",如此重复直到删除所有的 "cbj" 为止。

输入:一行,一个字符串,最大长度为 255。

输出:一行,为删除完所有 "cbj" 之后的字符串。

样例:

样例输入 1	样例输出 1
cbcj***cxxbfjb%jcb?	***xxf%cb?
样例输入 2	样例输出 2
cbj%jlx%%cb%%tql233666jlxyydscbjcb ;;	%jlx%%%%tql233666lxyydscb ;;

样例说明:对于样例 1,若将删除的字符暂时记为 #,第一次删除第一个字符 'c',第二个字符 'b',第四个字符 'j',删除后的结果为 ##c#***cxxbfjb%jcb?;依此类推,第二次删除的结果是 ####***cxx#f#b%jcb?;第三次删除的结果是 ####***#xx#f##%#cb?。此时没有先后出现的小写的 'c','b','j',所以最后输出 ***xxf%cb?。

难度等级:**

问题分析:本题是指针在字符串处理中的应用。通过循环从前往后按顺序依次查找出现的 'c' 'b' 'j' 字符,并做标记。当最后没有先后出现的 'c' 'b' 'j' 字符时,遍历字符串输出没有被标

记的字符。

　　实现要点:删除一次 "cbj" 的操作,功能相对独立,适合将其封装成一个自定义函数 decbj( )。该函数接收一个字符型指针变量 str 和一个整型变量 n,表示在长度为 n 的字符串 str 中删除权值之和最小的 "cbj"。这里的删除仅仅指的是在相应位置做标记,比如将字符改为输入字符串里不会出现的制表符 '\t',见参考代码第 33 ～ 35 行。若成功删除,则返回 1 ;否则返回 0 ;主函数中反复调用这个函数,直到 decbj( ) 函数的返回值是 0。最后输出未标记的字符,见参考代码第 12 ～ 14 行。

　　参考代码:

```
1    int decbj(char *str, int n);        // 声明删除 cbj() 函数
2
3    int main()
4    {
5        char str[1024] = {0};
6        int i, len;
7        fgets(str, 1024, stdin);
8        len = strlen(str);
9
10       while(decbj(str, len));          // 反复删除,注意本行有一个分号
11
12       for(i = 0; str[i]; i++)          // 等价于 for(i = 0; str[i] != '\0' ; i++)
13           if(str[i] != '\t')
14               putchar(str[i]);
15       return 0;
16   }
17
18   int decbj(char *str, int n)
19   {
20       int i, j = 0;
21       int pos[3] = {0};                // 用来暂时存储 'c' 'b' 'j' 字符的位置
22       char *cbj = "cbj";
23
24       for(i = 0; i < n; i++)
25       {
26           if(str[i] == cbj[j])
27           {
28               pos[j] = i;
29               j++;                     // 进行下一个字符的查找
30               if(j >= 3)               // 如果成功找到先后出现的 'c' 'b' 'j' 三个字符
```

```
31              {
32                      str[pos[0]] = '\t'; // 将字符改为特殊字符
33                      str[pos[1]] = '\t';
34                      str[pos[2]] = '\t';
35                      return 1;           // 删除成功
36              }
37          }
38      }
39      return 0;                            // 删除失败
40  }
```

7.4 指针与字符串处理:指针判断

一个指针所指向的类型可以是基本类型、数组类型、指针类型、函数类型等。

基本类型:形如 char *chPtr,则称 chPtr 的类型为 char *,所指向的类型是 char。设基本类型只包括 int、double 和 char。

数组类型:形如 int(*arPtr)[10],称 arPtr 的类型为 int(*)[10],所指向的类型是 int[10]。这里数组元素类型一定是基本类型,比如不会出现 int* (*p)[10](p 指向指针数组)。可能出现多维数组的指针,比如 char(*p)[2][10][10]。

指针类型:形如 int **ptrPtr,称 ptrPtr 的类型为 int **,所指向的类型 x 是 int *。该指针类型 x 所指向的类型一定是基本类型,比如不会出现 int ***p(p 是指向指针的指针)。

函数类型:形如 double(*funcPtr)(int,int),称 funcPtr 的类型为 double(*)(int,int),所指向的类型是 double(int,int)。保证函数的返回值和参数类型一定是基本类型,比如不会出现 int *(*f)( ),void(*g)(int*,int[ ])。函数参数的数量一定是有限的(可能为 0)。

现给出多个不同类型指针的声明,编程分别输出指针的类型、指针名和所指向的类型。

输入:多行,每行一个字符串,为指针的声明(指针名中只含有英文小写字母),中间不含有空格。数据组数小于等于 10^4,每行字符串长度小于等于 100。

输出:多行,对于每行输入,输出一行,格式为 <pointerType> <pointerName> -> <elemType>,其中,<pointerType> 表示指针类型,<pointerName> 是指针名,<elemType> 是所指向的类型(这里请严格按规定的格式输出,均不含有多余的空格,详见样例说明)。注意,在实际编程中,为了显得清晰可读,一般需要加上适当的空格。

样例:

样例输入	样例输出
double*p	double* p -> double
int(*ptr)[12]	int(*)[12] ptr -> int[12]
char**q	char** q -> char*
int(*fp)(char,int)	int(*)(char,int) fp -> int(char,int)

难度等级:***

问题分析:本题通过字符指针完成较复杂字符串的分析和处理。题目中的四种指针分别具有以下格式:

基本类型的指针:<pre> * <name>

数组指针:<pre>(*<name>)<suf>

指针的指针:<pre> ** <name>

函数的指针:<pre> (*< name>)<suf>

其中 <pre> 代表开头的类型,<name> 代表指针名,<suf> 代表数组各个维的大小或者函数参数表。将 <name> 提到外面就可得到指针类型,再将中间的星号、括号删去,就可得到所指向的类型。因为数组指针和函数指针的格式相同,所以可以放在一起处理。

实现要点:为了方便输出,在实现时,suf 的含义和上面略有不同,具体细节见参考代码。每次读取完字符串后,先处理字符串头部的类型 pre(int,char,double),见参考代码第 11 ~ 13 行;再根据有无括号以及 * 的数量判断指针类型 type,这里将数组指针和函数指针做相同的处理,见代码第 15 ~ 29 行;再处理 name,见代码第 30 ~ 32 行;最后根据 type 进行相应的输出。

参考代码:

```
1    char s[105], pre[10], name[105];
2    char *star[3] = {"*", "*", "(*)"};        //用于输出星号
3    char suf[3][105] = {"", "*"};
4    int i, preLen, nameLen;
5    int type;   //type 0~3 分别表示基本类型的指针,指针的指针,数组指针和函数指针
6
7    while(scanf("%s", s) != EOF)
8    {
9        i = preLen = nameLen = type = 0;
10
11       while(s[i] >= 'a' && s[i] <= 'z') //读入 pre
12           pre[preLen++] = s[i++];
13       pre[preLen] = '\0';
14
15       if(s[i] == '(')                          //遇到左括号说明是数组 / 函数指针
16       {
17           i += 2;
18           type = 2;
19       }
20       else if(s[i + 1] == '*')                 //两个星号说明是指针的指针
21       {
22           i += 2;
23           type = 1;
```

```
24            }
25        else
26        {
27            i += 1;
28            type = 0;
29        }
30        while(s[i] >= 'a' && s[i] <= 'z')   //读入 name
31            name[nameLen++] = s[i++];
32        name[nameLen] = '\0';
33
34        if(type == 2)                        // 如果是数组 / 函数指针,则将后缀读入 suf[2]
35            sscanf(s + i + 1, "%s", suf[2]);
36
37        printf("%s%s%s %s -> %s%s\n", pre, star[type], suf[type], name,
           pre, suf[type]);
38        // 基本类型的指针:pre + "*" + "" + name + "->" + pre + ""
39        // 指针的指针: pre + "*" + "*" + name + "->" + pre + "*"
40        // 数组、函数指针:pre + "(*)" + suf[2] + "->" + pre + suf[2]
41    }
```

⊙ **编程提示 32**　本题的参考代码较为精练,请读者仔细思考笔者是如何将问题分解,又是如何灵活地去处理每一个小问题的,在代码的具体实现过程中有哪些比较巧妙的运用、思考、反馈和进步。

7.5　指针与字符串处理:寻找子串

　　两个字符串 s1 和 s2,寻找 s1 在 s2 中的所有起始位置并输出。约定:

　　(1) s2 中可能有多个 s1,需要输出全部 s1 的位置。

　　(2) 当找到的字符串有重叠部分时,遵循位置优先(有多个匹配,优先选择位置靠前的)和不重复选取(同一个字符不能被两次查找使用)的原则。例如在 ooo 中找 oo 时,可以找到两个 oo,起始位置分别为 0 和 1。按照位置优先的规则,选择起始位置为 0 的 oo。同时由于不重复选取的规则,不选取第二个 oo(否则第二个 o 就被重复利用了)。类似的,oooo 中有 2 个 oo,起始位置为 0 和 2。其示意图如图 7-1 所示。

　　(3) 规定字符串的索引从 0 开始,s1 的位置为 s1 首字符所在的位置。字符串不区分大小写。

　　输入:两行,每行一个字符串,分别为 s1、s2($1 \leqslant$ $|s1| \leqslant |s2| \leqslant 500$)。字符串可能包含空格,并且至少能找

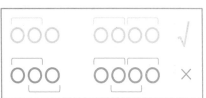

图 7-1　位置优先和不重复选取示意图

到一个 s1。

输出:一行,包含若干个数字,表示字符串 s1 在字符串 s2 中的位置,数字之间用空格分隔。

样例:

样例输入	样例输出
DoG adoginthejungle, AnotherDogInTheJungle.	1 24

样例说明:针对样例,不区分大小时,s2 中可以找到两个 dog,其中首字符的位置分别为 1 和 24。由于输入的字符串中可能包含空格,所以在读入一整行字符串时可以考虑用 gets( )。查找字符串可以用 strstr( ) 函数。

难度等级:**

问题分析:本题主要使用字符数组和字符指针进行字符串处理。子串查找的过程与问题 7.1 和题 7.2 类似。该题字符串不区分大小写,所以先将字符串 s1、s2 的大写字母全都转换为小写字母,再循环查找。

实现要点:在处理字符串时,可以使用 C 标准库中的一系列函数来让代码变得更加清晰,例如 isalpha( ) 用来判断是否是字母,tolower( ) 可以把大写字母转换为小写等,其头文件为 ctype.h。使用字符指针时,指向同一数组的两个指针相减可以得到这两个指针所指向的相对距离,见参考代码的第 18 行,由于 s2 是数组首地址,所以 p2 - s2 可以得到当前指针 p2 对应的数组下标。

参考代码:

```
1    int len1, len2, i;
2    char *p1, *p2;
3    char s1[N+5], s2[N+5];              //N是宏常量,可以定义为500
4
5    gets(s1);
6    gets(s2);
7    len1 = strlen(s1);
8    len2 = strlen(s2);
9
10   for(i = 0; i < len1; ++i)          //将字符串全部转换为小写,方便比较
11       s1[i] = tolower(s1[i]);
12   for(i = 0; i < len2; ++i)
13       s2[i] = tolower(s2[i]);
14
15   p1 = s2;
16   while((p2 = strstr(p1, s1)) != NULL)  //根据题目要求查找
```

```
17  {
18      printf("%d ", (int)(p2 - s2));      //输出 p2 对应的下标
19      p1 = p2 + len1;
20  }
```

7.6　指针与字符串处理:寻找回文串

若一个字符串 s 从左往右读和从右往左读完全相同,则称 s 为回文串,比如 "abcba" "121" "aa" "[空格]a[空格]" 都是回文串。

输入:一行,一个字符串,包含大小写字母、数字和空格,其长度不超过 300。

输出:两行,第一行,若输入的字符串包含长度大于 1 的回文子串,则输出 "HuiWen Warning"(不含引号),否则输出 "No Problem!"(不含引号);第二行,一个整数,表示字符串中包含的长度大于 1 的回文子串的数量。

样例:

样例输入 1	样例输出 1
I Love China!	No Problem! 0
样例输入 2	样例输出 2
12112321	HuiWen Warning 5
样例输入 3	样例输出 3
0 0	HuiWen Warning 1

样例说明:样例 2 中的字符串 "12112321" 共有 5 个回文子串,分别是 "121" "2112" "11" "12321" 和 "232"。

难度等级:**

问题分析:本题是一类典型的字符串处理问题,即回文串的判断与查找。自定义一个判断是否是回文串的函数 ispalindrome( ) 如下所示,需要提供的参数为字符串首字符的地址和字符串的长度,返回值为 1 表示是回文串,返回值为 0 表示不是回文串。因此只需要枚举出所有的长度大于 1 的子串,并判断这些子串是否是回文串即可。

```
int ispalindrome(char *p, int n)
{
    for(int i = 0; i < n/2; i++)
        if( *(p+i) != *(p+n-1-i))
            return 0;
```

```
        return 1;
    }
```

实现要点：对于一个字符串，可以通过枚举子串起点和子串长度的方式循环遍历所有子串，见参考代码第 6 ～ 8 行。需要特别注意的是，若使用指针方式遍历字符串，判断其是否是回文串时，在确定子串的起点和字串的长度时需要满足不越界的要求。

main( ) 函数部分的参考代码：

```
1    char a[305];
2    int i, n, j, count = 0;
3    gets(a);
4    n = strlen(a);
5
6    for(i = 0; i < n; i++)                 // 这两个循环遍历了所有子串
7        for(j = 2; j <= n-i; j++)      // 循环中 j 的取值需要满足不越界
8            count += ispalindrome(a+i, j);
9
10   count == 0 ? printf("No Problem!\n0") : printf("HuiWen Warning\n%d", count);
```

7.7   指针与字符串处理：取数求和

输入一个字符串，从中提取出数字并求和输出。数字有以下两种形式：

（1）纯数字，形如 $a_1a_2a_3...a_n$ 的字符串，其中 a_i 为数字字符（ASCII 码范围 [48,57] 的字符）。

（2）积，形如 $L_1(L_2)$ 的字符串，其中 L_1 和 L_2 均为纯数字。

匹配规则为贪婪匹配，即匹配规则总是趋向于最大长度匹配。上述两种形式的数字对应的值分别是：

（1）纯数字 $a_1a_2a_3...a_n$ 对应其十进制的数字。

（2）积对应 L_1*L_2 的计算结果。

输入：一行，一个字符串，字符串中所有字符均为非空格可见字符（即 ASCII 码在 [33,126] 范围内的字符），字符串长度在 100 以内。

输出：一行，为一个整数，代表字符串中所有数字的和，其结果在 int 范围内。

样例：

样例输入 1	样例输出 1
digit－100－index－12（12）	244
样例输入 2	样例输出 2
10（5）（2）	52

续表

样例输入 3	样例输出 3
10(1	11

样例说明:对于样例 1,常规的纯数字、积,计算过程为:$100+12*12=244$;对于样例 2,由于贪婪匹配原则,10(5)会被视作一个积,而剩余的(2)则只能提取出纯数字 2,故计算结果为 52;对于样例 3,$10+1=11$。

难度等级:****

问题分析:本题主要是指针在字符串处理中的应用,并侧重于对复杂问题的状态分析和转移处理。对于一个字符串分析题,首先要理清楚所有可能出现的情况,其解题思路如下:

(1) 循环读取字符串中的字符并判断,直至遇到数字字符或字符串结束符('\0'),遇到数字则进入(2),遇到 '\0' 则结束程序。

(2) 读取一个纯数字,记作 L_1,判断纯数字之后的字符是否为 '(',是则进入(3),否则提取数字 L_1 并回到(1)。

(3) 判断 '(' 之后的字符是否为数字,是则进入(4),否则提取数字 L_1 并回到(1)。

(4) 读取一个纯数字,记作 L_2,判断纯数字之后的字符是否为 ')',若是,则提取数字 L_1*L_2 并回到(1);否则提取数字 L_1 并回到(1),然后需要回溯,重新分析 L_2(在这种情况下,不满足积的条件,但是也不能直接提取 L_1+L_2,原因是 L_2 可能和后面的字符共同组成积,比如:10(10(10)这种情况,应该提取到 $10+10*10=110$ 而非 30)。

实现要点:本题的关键是从字符串中提取出正确的数字(纯数字或积),可以构造一个函数 getValue( ) 实现,其功能是每次从字符串中提取一个数字(纯数字或积),并返回一个指针,指示接下来需要继续分析的位置。函数接收一个 char 型指针作为参数,指示这一轮从这里开始分析,具体见参考代码中 getValue( ) 函数的定义。通过返回指针的方式,可以实现(4)中的回溯需求,只要在(2)之后保存一下 L_1 后面的字符地址即可。此外,关于如何将提取到的数字求和,可以采取全局变量或指针传参的方式,参考代码中用了后者,即 getValue( ) 函数的第二个参数 int *r。因为用到一些字符处理函数,下面的代码需要包含头文件 ctype.h。

参考代码:

```
1    char *getDigit(char *s, int *L);
2    char *getValue(char *s, int *r);
3
4    int main()
5    {
6        char *s, str[150];
7        int r, sum = 0;
8        scanf("%s", str);
9        s = str;
10       while((s = getValue(s, &r)) != NULL)
11           sum += r;
```

```
12          printf("%d", sum);
13          return 0;
14      }
15
16      char *getValue(char *s, int *r)              // 提取一个数字存入 r
17      {
18          int L1, L2;
19          while(!isdigit(*s))                      // 步骤 (1) 开始
20          {
21              if(*s == '\0')                       // 字符串结束条件
22                  return NULL;
23              s++;
24          }
25          s = getDigit(s, &L1);                    // 步骤 (2) 开始
26          char *s1 = s;                            // 存储 s 地址,便于回溯
27          if(*s == '(')                            // 步骤 (3) 开始
28          {
29              s++;
30              if(!isdigit(*s))                     // 提取到一个纯数字,返回
31              {
32                  *r = L1;
33                  return s;
34              }
35              else
36              {
37                  // 步骤 (4) 开始
38                  s = getDigit(s, &L2);            // 获取 L2
39                  if(*s != ')')    // 不满足积的条件,提取到一个纯数字,返回(回溯)
40                  {
41                      *r = L1;
42                      return s1;
43                  }
44                  else                             // 提取到一个积,返回
45                  {
46                      *r = L1 * L2;
47                      return s;
48                  }
49              }
50          }
```

```
51        else
52        {
53            *r = L1;                        // 提取到一个纯数字,返回
54            return s;
55        }
56    }
57
58    char *getDigit(char *s, int *L) // 作用类似 getValue，只提取一个纯数字存入 L
59    {
60        int digit = 0;
61        while(isdigit(*s))
62        {
63            digit = digit * 10 + *s - '0';
64            s++;
65        }
66        *L = digit;
67        return s;
68    }
```

7.8　指针与字符串处理:字串替换

将一个字符串中所有"好"的子串转换为 "perfect" 字符串。其中，"好"的子串定义为:形如字母 g 加两个及以上字母 o 再加字母 d,且中间没有其他字符的子串。比如 good 或 gooood 是"好"的子串,god 或 gooad 不是"好"的子串。

输入:多行,每行一个字符串 S,行数不超过 50 行。每个字符串长度 |S| 满足 $1 \leqslant |S| \leqslant 50$。输入仅包含小写字母、空格。

输出:多行,每行输入,对应一行输出,即转换之后的字符串。

样例:

样例输入	样例输出
good good dogfood	perfect perfect dogfood
go od do og fo od	go od do og fo od
gggooooooooooooddd	ggperfectdd

难度等级:***

问题分析:本题主要是字符型指针在字符串处理中的应用。首先要找到题目中定义的"好"的字符串,然后将其替换为 "perfect",此处所谓"替换"可以在输出"好"字符串时,直接用输出 "perfect" 字符串代替,其他字符原样输出。

　　方法 1 实现要点：在找题目中定义的"好"字符串时，首先需要找字符 'g' 作为开头，然后从 'g' 的位置往后找字符 'd'，最后统计这两个字母之间 'o' 的个数，以及这之间有没有除了 'o' 之外的其他字符，并用一个标志变量 flag 记录，见代码第 8 ～ 18 行。在进行字符串替换时，不需要真正在程序中将最终答案的字符串完整地存储下来，而只需要按题目要求输出即可。具体实现时，从前往后找，当检测到一个"好"字符串时，不输出这一字串，而改为输出字符串 "perfect"，见参考代码第 21 ～ 27 行。其他字符原样输出即可，见代码第 30 行。当然，将答案字符串完整存下来也是可行的，但需要注意数组越界问题，因为转换之后的字符串可能比原来的要长。

　　参考代码 1：

```
1    char s[1005];
2    int i, j, k, len, flag;
3    while(gets(s) != NULL)
4    {
5        len = strlen(s);
6        for(i = 0; i < len; i++) //i 表示 'g' 的位置,j 表示 'd' 的位置
7        {
8            if(s[i] == 'g')        //找字符 g
9            {
10               j = i + 1;
11               while(j < len && s[j] != 'd')//从 g 的位置找 d, 注意条件 j, 防止数组越界
12                   j++;
13               if(s[j] == 'd')    //如果真的找到了 d(而不是字符串末尾)
14               {
15                   flag = 1;      //初始化标志变量 flag,1 表示没有除 o 以外的其他字符
16                   for(k = i+1; k <= j-1; k++)
17                       if(s[k] != 'o')    //当有 o 以外的其他字符时,置 0
18                           flag = 0;
19
20                   //没有其他字符,且 o 的个数(i 和 j 之间相隔的距离)比 2 大
21                   if(flag == 1 && j-i-1 >= 2)
22                   {
23                       //若找到"好"子串,输出 perfect,再令 i=j,进入下一循环
24                       printf("perfect");
25                       i = j;
26                       continue; //注意 continue 之后,for 循环会执行 i++
27                   }
28               }
29           }
```

```
30              printf("%c", s[i]); // 如果没找到"好"子串,原样输出
31          }
32      printf("\n");
33  }
```

方法 2 实现要点:这段代码与上面代码的不同在于,j 表示 'g' 之后第一个不是 'o' 的位置,据此判断"好"子串,见参考代码 2 中的第 4 ~ 12 行(此处只给出代码的核心片段,其代码前部分和后部分与参考代码 1 基本一致)。参考代码 2 实现相较于参考代码 1 比较简单。

参考代码 2:

```
1   if(s[i] == 'g')
2   {
3       cnt = 0;
4       for(j = i+1; j < len; j++)  // j 表示 'g' 之后第一个不是 'o' 的位置
5           s[j] == 'o' ? cnt++ : break;
6
7       if(s[j] == 'd' && cnt >= 2) // 如果s[j] == 'd',则表示 i 与 j 之间的所有字母都是 'o'
8       {
9           printf("perfect");
10          i = j;
11          continue;
12      }
13  }
```

7.9 指针与字符串处理:字符串照镜子

假设字符 '|' 就是字符串的镜子,编程输出字符串"照镜子"之后的结果。所谓"照镜子",就是将镜子两边的字符调换,同时有且仅有正斜杠 / 与反斜杠 \,大括号 { 与 },中括号 [与],小括号(与),大于号 > 与小于号 <,小写的 b 与 d,小写的 p 与 q,需要对称过来。

输入:多行,每行都是一个需要处理的字符串,字符串中没有空白字符,而且每一行都有且只有 1 面镜子。每行字符串长度均不会超过 3000,总行数不超过 4000。

输出:多行,每行输入对应一行输出,即所输入的一行字符串经过"照镜子"处理后的结果。

样例:

样例输入	样例输出
0x209|0xFA	AFx0|902x0
##!!0x1343DC7|>?1314	4131?<|7CD3431x0!!##
ztj#$jy!!\dd|susnslxzt	tzxlsnsus|bb/!!yj$#jtz

难度等级:***

问题分析:本题是字符指针在字符串处理中的应用。类似于将字符串倒置,不同的是,在字符串倒置之后,需要对特殊字符进行更改,如字符 p 需要改为字符 q 等。实现时使用模块化程序设计思想,通过自定义函数可以使代码更加清晰简洁。

方法 1 实现要点:每次读入一行字符串,首先将题目中需要对称过来的特殊字符进行对称替换处理,然后再将整个字符串倒序输出即可。其中,建议将对称替换处理封装成一个自定义函数 handle( ),实现时,采用 switch 结构,使代码比较清晰,见参考代码第 6 ~ 50 行。倒序输出处理也可以封装成自定义函数 printRev( ),直接将需要处理的字符串指针作为参数传递给函数,函数内部采用循环结构倒序遍历字符串输出,见参考代码第 57 和 58 行。

参考代码 1 片段:

```
1    void handle(char * str)
2    {
3        int i, len = strlen(str);
4        for(i = 0; i < len; i++)
5        {
6            switch(str[i])
7            {
8            case '\\':
9                str[i] = '/';
10               break;
11           case '/':
12               str[i] = '\\';
13               break;
14           case '{':
15               str[i] = '}';
16               break;
17           case '}':
18               str[i] = '{';
19               break;
20           case '[':
21               str[i] = ']';
22               break;
23           case ']':
24               str[i] = '[';
25               break;
26           case '(':
27               str[i] = ')';
28               break;
```

```
29            case ')':
30                str[i] = '(';
31                break;
32            case 'p':
33                str[i] = 'q';
34                break;
35            case 'q':
36                str[i] = 'p';
37                break;
38            case 'b':
39                str[i] = 'd';
40                break;
41            case 'd':
42                str[i] = 'b';
43                break;
44            case '<':
45                str[i] = '>';
46                break;
47            case '>':
48                str[i] = '<';
49                break;
50        }
51    }
52 }
53
54 void printRev(char * str)
55 {
56     int i, len = strlen(str);
57     for(i = len-1; i >= 0; i--) //倒序输出
58            putchar(str[i]);
59 }
```

方法 2 实现要点:方法 1 采用 switch 使代码清晰,但代码冗长。采用"打表法",即用循环的方式,把题意中的 7 组镜像"字符队"构成一个字符数组表 tmp[ ],然后对输入字符串 str 中的每个字符 str[i] 在表 tmp[ ] 中进行遍历,若 str[i] 等于 tmp[j],则用 tmp[j] 的镜像字符 tmp[(j+7) % 14] 替换 str[i],然后遍历处理 str 中的下一个字符。该方法的代码更简练,方法 2 中的 handle2( ) 实现方法 1 中 handle 相同的功能。

参考代码 2 片段:

```
1   void handle2(char * str)
```

```
2    {
3        int i, j, len = strlen(str);
4        char tmp[15] = {0, '/', '{', '[', '(', '>', 'b', 'p', '\\', '}',
         ']', ')', '<', 'd', 'q'};
5        for(i = 0; i < len; i++)
6        {
7            for(j = 1; j <= 14; j++)
8            {
9                if(str[i] == tmp[j])
10               {
11                   str[i] = tmp[(j+7)%14];
12                   break;
13               }
14           }
15       }
16   }
```

7.10 二分查找:查找成绩

输入一个成绩序列,包含 n 个单调不增的非负整数,即分数已经从高到低排序好了。随后在这 n 个整数中进行 m 次查找,每次查找给出一个成绩,输出在序列中不低于这个成绩的人数。

输入:三行,第一行两个正整数 n 和 m,用空格分隔,代表成绩单中的成绩个数和查找的次数;第二行 n 个非负整数,表示成绩序列;第三行 m 个整数,表示要查找的成绩。其中 0≤n,m≤100000,且查找的成绩可能为成绩单中不存在的数字。

输出:m 行,对于每次查找输出一个数字,代表在序列中不低于这个成绩的人数。如果成绩单中的所有成绩都小于查找的成绩,则输出 0。

样例:

样例输入	样例输出
10 3	7
500 500 500 500 500 400 400 300 200 100	8
400 220 200	9

难度等级:***

问题分析:本题主要是指针变量作为函数参数以及二分查找的应用。在大量数据中进行查找时,使用顺序查找可能会出现评测超时(time limit exceed,TLE),此时,可考虑使用二分查找,特别是当题目中已经说明成绩是有序数时,二分查找是优选方案。此外,需注意查找的成绩不在序列中的情况,例如样例中查找成绩 220。由于输入序列是有序的,使用二分查找,每次取当前查找区间的中点值,然后根据中点值和查找值的大小比较来缩小查找区间,如此二分下去以找到最后的值。

方法 1 实现要点:使用递归实现二分查找。定义递归函数 findIndex( ) 接收一个整型指针变量 base,一个查找目标值 target,区间左右端点 left 和 right 作为参数,返回数组中最后一个不小于 target 的元素的下标 index,输出 index+1 即可,见参考代码 1 第 19 ~ 30 行。之所以初始查找区间是 −1 和 n,因为要考虑两种极端情况:① 查找的值大于成绩序列中的所有值的时候;② 查找的值小于或等于序列中最小值的时候。参考代码第 25 行的 mid++ 是为了实现 left 和 right 除以 2 后向上取整。

方法 1 参考代码:

```
1    int a[1000005];
2    int findIndex(int *base, int target, int left, int right);
3
4    int main()
5    {
6        int n, m, tmp, i;
7        scanf("%d%d", &n, &m);
8        for(i = 0; i < n; i++)
9            scanf("%d", &a[i]);
10       for(i = 0; i < m; i++)
11       {
12           scanf("%d", &tmp);
13           int index = findIndex(a, tmp, -1, n);
14           printf("%d\n", index + 1);
15       }
16       return 0;
17   }
18
19   int findIndex(int *base, int target, int left, int right)
20   {
21       if(base[right] == target || left == right)
22           return right;
23       int mid = (left + right) / 2;
24       if((left + right) & 1)
25           mid++;
26       if(base[mid] < target)
27           return findIndex(base, target, left, mid-1);
28       else
29           return findIndex(base, target, mid, right);
```

```
30    }
```

方法 2 实现要点:二分查找最左值(或者最右值)的非递归写法适用性更强。定义一个函数 int FindCntofNum_down(int *a,int len,int num,int isLeft),其参数 a 是被查找的数组,如果需要查找其他数据类型的数组,可自行修改变量类型;len 为数组长度;num 为需查找的数据;isLeft 为 1 时表示查找 num 在数组中第一次出现的位置,为 0 时表示最后一次出现的位置;返回值就是需查找数据 num 在被查找数组中的索引。若数组在该处的值不等于 num,则说明没找到。

方法 2 参考代码:

```
1     int FindCntofNum_down(int *a, int len, int num, int isLeft)  //数组 a 是降序的
2     {
3         int left = 0, right = len-1, pos = -1, mid;
4         while(left <= right)              //二分查找
5         {
6             mid = (left + right) / 2;
7             if(a[mid] < num)
8                 right = mid - 1;
9             else if(a[mid] > num)
10                left = mid + 1;
11            else
12            {
13                pos = mid;
14                if(isLeft)                //查找最左值
15                    right = mid - 1;
16                else                      //查找最右值
17                    left = mid + 1;
18            }
19        }
20        if(pos != -1)
21            return pos;                   //返回最终查找到的位置
22        else
23            return left;                  //如果没找到,返回最接近的一个索引,以便后续处理
24    }
```

7.11 本章小结

本章以指针与字符串处理为主,展示了指针高效访问和修改内存空间的内容,体现了 C 语言的高效性。初学者往往觉得指针可能有一定难度,其实指针和其他一般变量没有本质区别,只是存放的数据表示内存空间的地址而已,希望通过本章训练基本消除人们心中对指针的成见。

第 8 章　指针进阶

指针有灵活、高效的内存访问方法,尤其是和数组的配合使用,可以通过指针运算方便、灵活地访问每个元素。本章主要围绕数组指针、指针数组以及函数指针等一些指针的高阶用法展开训练,理解并掌握数组指针和指针数组以及函数指针和指针函数的使用方法。

8.1　数组指针:矩阵行列和

输入一个 3 行 4 列的矩阵,自定义函数计算矩阵的每一行的和、每一列的和以及所有元素的和。

输入:三行,每行四个整数,用空格分隔,表示输入矩阵。

输出:八行,具体格式见输出样例。

样例:

输入	输出
2 4 6 8 3 5 7 9 12 10 8 6	row 0: sum = 20 row 1: sum = 24 row 2: sum = 36 col 0: sum = 17 col 1: sum = 19 col 2: sum = 21 col 3: sum = 23 Sum of all elements = 80

难度等级:**

问题分析:本题主要是二维数组和数组指针的基本应用。使用二维数组存储输入的矩阵,定义三个函数通过双重循环结构分别计算矩阵每一行的和、每一列的和以及所有元素的和。重点理解并掌握二维数组和数组指针作为函数参数的写法和使用方法。

实现要点:在函数定义时,为了直观比较作为函数参数的二维数组和数组指针,参考代码第 5 ~ 7 行采用了三种形式进行函数声明,这三种写法是等价的(实际实现时,采用其中任何一种都可以,而且实际软件开发时建议统一为一种风格),其中第 7 行中的 int(*ar)[COLS] 是数组指针形式,即表示 ar 是"内含"数组元素(每个元素是内含 COLS 个 int 类型数据的数组)的数组,实际上 ar 是指向这样一个一维数组的指针。数组的列数内置在函数体中,行数由函数的第二个参数(int rows)传入。在函数调用时,把数组名 arr(即指向数组首元素的指针)和符号常量 ROWS(行数 3)作为实际参数传递给函数,每个函数用双重循环计算矩阵每一行、每一列的和以及所有元素的和。

　　参考代码：

```
1    #define ROWS 3
2    #define COLS 4
3
4    // 以下三个函数声明的形参写法是等价的,实际软件开发时建议统一为一种风格,第 7 行为推荐风格
5    void sum_rows(int ar[][COLS], int rows);
6    void sum_cols(int[][COLS], int);          // 省略形参名
7    int sum2d(int (*ar)[COLS], int rows);     // 数组指针形式
8
9    int main()
10   {
11       int arr[ROWS][COLS] = {0}, row, col;
12       for( row = 0; row < ROWS; row++)
13           for( col = 0; col < COLS; col++)
14               scanf("%d", &arr[row][col]);
15
16       sum_rows(arr, ROWS);
17       sum_cols(arr, ROWS);
18       printf("Sum of all elements = %d\n", sum2d(arr, ROWS));
19       return 0;
20   }
21
22   void sum_rows(int ar[][COLS], int rows)
23   {
24       int r, c, rowsum;
25       for(r = 0; r < rows; r++)
26       {
27           rowsum = 0;
28           for(c = 0; c < COLS; c++)
29               rowsum += ar[r][c];           // 每一行的和
30
31           printf("row %d: sum = %d\n", r, rowsum);
32       }
33   }
34
35   void sum_cols(int ar[][COLS], int rows)
36   {
```

```
37        int r, c, colsum;
38        for(c = 0; c < COLS; c++)
39        {
40            colsum = 0;
41            for(r = 0; r < rows; r++)
42                colsum += ar[r][c];   // 每一列的和
43
44            printf("col %d: sum = %d\n", c, colsum);
45        }
46    }
47
48    int sum2d(int (*ar)[COLS], int rows) // 等价于 int sum2d(int ar[][COLS], int rows)
49    {
50        int r, c, allsum = 0;
51        for(r = 0; r < rows; r++)
52            for(c = 0; c < COLS; c++)
53                allsum += ar[r][c]; // 所有元素的和
54
55        return allsum;
56    }
```

编程提示 33　上述参考代码中的 ar 和 arr 类型相同,它们都是指向内含 4 个 int 类型数据的数组的指针;注意,下面的声明不正确:

```
int sum2(int ar[][], int rows);        // 错误的声明
```

编译器会把数组表示法转换成指针表示法。例如,编译器会把 ar[1] 转换成 ar+1。编译器对 ar+1 求值,需要知道 ar 所指向的对象大小。下面的声明:

```
int sum2(int ar[][4], int rows);    // 正确的声明
```

表示 ar 指向一个内含 4 个 int 类型值的数组,如果一个 int 类型按 4 字节来算的话,ar+1 的意思就是"该地址加上 16 字节"。如果第 2 对方括号是空的,编译器就不知道该怎样处理。也可以在第 1 对方括号中写上大小,如下所示,但是编译器会忽略该值。

```
int sum2(int ar[3][4], int rows);    // 正确的声明,但是 3 将被忽略
```

8.2 指针数组:厉害的指针数组

输入 n 个字符串,字符串分别为 $A_1, A_2, \ldots, A_n$。现决定调整字符串的次序,给定 m 个操

作,对每一个操作,输入两个整数 p 和 q,表示将字符串 A_p 和 A_q 交换。

输入:共 n+1 行,第一行两个整数,分别为 n 和 m,其中 n≤100,m≤100。接下来 n 行,每行一个字符串,从前到后分别为 A_1,A_2,…,A_n(字符串中含有空格,字符串长度不大于 100)。接下来 m 行,每行两个用空格分开的整数,分别为 p 和 q。

输出:共 n 行,表示所有交换操作之后的 A_1,A_2,…,A_n。

样例:

输入	输出
3 1 i like programming i love buaa stay hungry stay foolish 1 3	stay hungry stay foolish i love buaa i like programming

难度等级:**

问题分析:本题主要是指针数组在字符串操作中的应用。使用 char 型二维数组储存所有输入字符串,通过交换数组中的值可以实现交换字符串次序,但这种处理方式需要进行字符串复制,效率比较低。一个较为高效的方法是使用指针数组来实现交换。将 n 个字符串存入二维字符数组中之后,用 n 个指针分别指向这 n 个字符串,在每次交换中只更改指针的值,不改变二维字符数组中的内容,减少数据复制,以提高程序执行效率。

实现要点:n 个指向字符串的指针,就可以定义成字符型指针数组 plst[n],即该数组的每一个元素 plis[i] 都是一个字符型指针,指向字符串 A_i。当需要交换字符串次序时,直接交换两个指针数组元素的值,见参考代码第 14 ~ 16 行。

参考代码:

```
1    int n, m, p, q, i;
2    char buf[105][105];
3    char *plst[105], *temp;
4    for(i = 0; i <= 100; i++)
5        plst[i] = buf[i];
6
7    scanf("%d%d ", &n, &m); //第二个 %d 后面有一个空格,防止 gets 读入该行回车
8    for(i = 1; i <= n; i++)
9        gets(buf[i]);
10
11   for(i = 1; i <= m; i++)
12   {
13       scanf("%d%d", &p, &q);
14       temp = plst[p];       // 交换次序
15       plst[p] = plst[q];
```

```
16        plst[q] = temp;
17    }
18    for(i = 1; i <= n; i++)
19        printf("%s\n", plst[i]);
```

➡ 编程提示 34　交换指针比复制字符串数组的内容更有效。若复制字符串,strcpy 或 strncpy 会将字符串中的每个字节从一个存储位置复制到另一个存储位置。要交换字符串内容,必须执行以下 3 个操作:将 firstString 复制到 tempBuffer,将 secondString 复制到 firstString,然后再将 tempBuffer 复制到 secondString,这显然不是很有效。但是,如果操作指针,则仅需要对指针(而不是全部内容)进行交换。换句话说,如果 firstString+secondString 的总大小大于指针大小的两倍,strcpy( ) 方法将效率较低(指针通常占 4 字节或 8 字节,这取决于处理器的体系结构)。

8.3 指针数组:数字读音

对于给定的小数 x,请输出它的拼音读法(结合输入输出和样例理解)。

输入:多行,每组输入一个实数 x,保证 0<|x|<1000,且小数点后不超过六位。输入不会出现前导零,但可能出现小数点,也可能出现无意义小数部分,如 333.000,此部分小数不读出。

输出:每组数据输出一行,表示 x 的拼音读法,拼音间以空格隔开。特别说明:诸如 "10" 和 "12",将其读做 "yi shi" 和 "yi shi er"。

样例:

样例输入	样例输出
−233.333 100.7890 73.0	fu er bai san shi san dian san san san yi bai dian qi ba jiu qi shi san

难度等级:****

问题分析:本题是指针数组在字符串处理中的应用。将每个数值作为字符串读入,分解为负号、小数点前面部分、小数点和小数点后面部分四部分分别处理。

实现要点:首先定义一个字符型指针数组存储每一位数字的读法,以备调用,见代码第 7 行。在遍历数字串的时候,遇到负号、小数点、小数点后有意义数字时,直接输出读法;对小数点前数字的位数进行分类讨论,使用 cnt1、cnt2 表示小数点前数字位数、小数点后无意义零位数,输出时根据 cnt1 和 cnt2 的值区别不同读法,flag 记录小数点后是否存在有意义的数字。

参考代码:

```
1    char s[100];
2    char *num[] = {"ling", "yi", "er", "san", "si", "wu", "liu", "qi", "ba", "jiu"};
```

```
3    int cnt1, cnt2, len, flag, i;

4

5    while(gets(s+1))

6    {

7        cnt1 = cnt2 = flag = 0;

8        len = strlen(s+1);

9        for(i = 1; i <= len; i++)

10       {

11           if(s[i] == '-')

12               continue;

13           if(s[i] == '.')

14               break;

15           ++cnt1;                      //统计小数点前数字位数

16       }

17

18       if(strchr(s+1, '.'))             //搜索到小数点

19           for(i = len; s[i] != '.'; i--)

20               if(s[i] == '0')

21                   ++cnt2;              //统计小数点后无意义的零位数

22               else

23                   break;

24

25       for(i = 1; i <= len; i++)

26       {

27           if(s[i] == '-')

28               printf("fu ");          //直接读出

29           else if(s[i] == '.')

30           {

31               if(len - cnt2 != i)

32               {

33                   printf("dian ");

34                   flag = 1;            //小数点后有意义的数字才读出

35               }

36               else

37                   flag = 0;            //flag记录小数点后是否有有意义的数字

38           }

39           else

40           {

41               if(cnt1 == 1)
```

```
42              printf("%s ", num[s[i] - '0']);   //个位直接读出 (包括 0)
43          else if(cnt1 == 2)
44          {
45              printf("%s shi ", num[s[i] - '0']);   //十位直接读出
46              if(s[++i] != '0')
47                  printf("%s ", num[s[i] - '0']);   //个位非 0 则读出
48          }
49          else if(cnt1 == 3)
50          {
51              printf("%s bai ", num[s[i] - '0']);   //百位直接读出
52              if(s[++i] != '0')                     //十位非 0 则读出
53                  printf("%s shi ", num[s[i] - '0']);
54              if(s[++i] != '0')                     //个位非 0 再分类讨论
55              {
56                  if(s[i-1] == '0')                 //十位为 0,则应多读一个 "ling "
57                      printf("ling ");
58                  printf("%s ", num[s[i]-'0']);     //否则直接读出
59              }
60          }
61          if(flag && i+cnt2 <= len)
62              printf("%s ", num[s[i]-'0']);//读出小数点后有意义的部分
63
64          cnt1 = -1;   //处理完小数点前数字后将 cnt1 更改为 1,2,3 之外的数
65      }
66  }
67  puts("");
68 }
```

8.4 函数指针:不确定数量的关键字排序

有 n 个物品,从 1 ~ n 编号,每个物品有 k 个权值,请对这 n 个物品排序。排序后需要满足:

● 第一关键字从大到小排列,第一关键字相同时按第二关键字从大到小排列,第二关键字相同时按第三关键字从大到小排列,以此类推。

● 如果 k 个关键字都相同,则按照编号从小到大排列。

输入:第一行,两个正整数 n、k,保证 n≤1000,k≤10,n、k 的含义如题意。接下来 n 行,每行 k 个整数,第 i 行第 j 列的数 $w_{i,j}$ 表示 i 号物品的第 j 个权值,保证 $0≤w_{i,j}≤10000$。

输出:一行,共 n 个数,第 i 个数表示排序后的第 i 个物品编号。

样例：

样例输入	样例输出
5 3 1 2 4 1 2 3 0 5 9 1 1 1 1 1 1	1 2 4 5 3

难度等级：****

问题分析：本题主要是 qsort( ) 和函数指针的使用。需要理解 qsort( ) 函数的各个参数及调用。本题的 n 不大，可以使用冒泡排序。但当 k>3 时，需要比较的关键字较多，此时写的逻辑条件较长，容易出错。一种简单的方法是直接使用 C 语言标准库 stdlib.h 中提供的 qsort( ) 函数实现排序。

实现要点：qsort( ) 函数的声明为

```
void qsort(void *base, size_t items, size_t size, int (*cmp)(const void *,
const void*));
```

其中 base 指向要排序数组的第一个元素的指针，items 是由 base 指向的数组中元素的个数，size 是数组中每个元素的大小，以字节为单位，cmp 是用来比较两个元素的函数，见代码第 19 ~ 29 行。需要注意比较函数 cmp( ) 的写法，尤其是将 void 型指针进行转换的方法，见代码第 21,22 行。

参考代码：

```
1    int cmp(const void *, const void *);
2    int a[1003][12], n, k;
3
4    int main()
5    {
6        scanf("%d%d", &n, &k);
7        for(int i = 0; i < n; i++)
8        {
9            for(int j = 0; j < k; j++)
10               scanf("%d", &a[i][j]);
11           a[i][k] = i+1;                 //记录每个物品的输入序号
12       }
13       qsort(a, n, sizeof(a[0]), cmp);    //按"行"对 a 进行排序
14       for(int i = 0; i < n; i++)
15           printf("%d ", a[i][k]);        //a[i][k] 是排完序后的新序号
```

```
16        return 0;
17    }
18
19    int cmp(const void *ax, const void *ay)
20    {
21        int *x = (int *) ax;
22        int *y = (int *) ay;
23        for(int i = 0; i < k; i++)
24        {
25            if(*(x+i) != *(y+i))
26                return *(y+i) - *(x+i);          // 按第 i 个关键字进行降序排序
27        }
28        return *(x+k) - *(y+k);                  // 关键字均相等时按输入序号升序排序
29    }
```

▶ 编程提示 35　快速排序的平均时间复杂度函数为 $O(n\log n)$，当 n 较大时采用快速排序很高效。平均情况下时间复杂度函数为 $O(n\log n)$ 的排序算法还有堆排序、谢尔排序、归并排序等。

8.5　函数指针：浮点数的快速排序

给定多个实数，请将其从小到大排序输出。

输入：多行输入，每行一个数字，数据个数不超过 100000。输入数字的范围为 [-10000，10000]，且每个数字的有效位数不超过 15。

输出：将输入的数字由小到大排列输出，每行一个，保留 6 位小数。

样例：

样例输入	样例输出
0 −3.1415 2.763 1.432 1.618	−3.141500 0.000000 1.432000 1.618000 2.763000

难度等级：**

问题分析：本题与上一题类似，也是 qsort( ) 的基本应用。但因为是对实数排序，就需要了解 qsort( ) 对实数进行排序时比较函数的写法。

实现要点：在定义 cmp( ) 函数时，需要根据传入参数的大小返回 1、−1 或者 0，见参考代码片段。不能直接返回两数相减的值，因为 cmp( ) 返回的是整数，两个浮点数相减并取整后会产生舍入误差导致排序发生错误。即使是对整数进行排序,通过对关键字进行比较,然后返回不同值,也是一种更好的方法,因为整数相减在有些数据苛求的条件下可能产生数据溢出。

参考代码片段:

```
1    int cmp(const void *a, const void *b)
2    {
3        double *e = (double *) a;
4        double *f = (double *) b;
5        return *e > *f ? 1 : -1; // 返回 int 类型
6    }
```

8.6　数组指针与函数指针:施密特正交化

编程实现施密特正交化的计算。施密特正交化是求欧氏空间正交基的一种方法,运用这种方法,可以将任意线性无关的向量组转换为标准正交向量组。为了降低运算的复杂度,其转换流程如下:

1. 将线性无关的向量组进行排序,排序优先级为:

(1) 向量的零元素个数(多的在前,少的在后)。

(2) 向量的模(模大的在前,模小的在后)。

(3) 向量的输入次序(先输入的在前,后输入的在后)。

排序时优先满足高优先级的条件,在高优先级条件相同的条件下,考虑低一级的排序条件。

2. 将排序后的向量依序进行施密特正交化计算,得到一组线性无关向量 $\beta_1, \beta_2, \cdots, \beta_m$,其中:

$$\beta_1 = \alpha_1$$

$$\beta_2 = \alpha_2 - \frac{(\alpha_2, \beta_1)}{(\beta_1, \beta_1)} \beta_1$$

$$\cdots\cdots$$

$$\beta_m = \alpha_m - \frac{(\alpha_m, \beta_1)}{(\beta_1, \beta_1)} \beta_1 - \frac{(\alpha_m, \beta_1)}{(\beta_1, \beta_1)} \beta_1 - \cdots - \frac{(\alpha_m, \beta_{m-1})}{(\beta_{m-1}, \beta_{m-1})} \beta_{m-1}$$

3. 将线性无关的向量 $\beta_1, \beta_2, \cdots, \beta_m$ 进行单位化处理(即每个向量元素除以向量的模),得到一组标准正交基 $e_1, e_2, \cdots, e_m$,其中 $e_i = \frac{\beta_i}{\|\beta_i\|}$ ($i = 1, 2, \cdots, m$)。

4. 按照顺序依次输出标准正交基。

输入:共 N+1 行。第一行为一个正整数 N(0<N<11),N 具有双重含义,既是线性无关向量组的向量个数,也是每个向量的元素个数。接下来的 N 行为向量组,严格保证其线性无关,每行包含 N 个 int 类型整数。

输出：共 N 行。每行为按照上述流程处理后的标准正交基。每行包含标准正交向量的 N 个元素，保留四位小数。

样例：

样例输入	样例输出
3 1 3 5 8 6 7 2 0 2	0.7071 0.0000 0.7071 0.0828 0.9931 −0.0828 −0.7022 0.1170 0.7022

样例解释：首先对三个向量进行排序，排序结果为 (2,0,2)，(8,6,7)，(1,3,5)；然后对三个向量依次进行施密特正交化，正交化结果为 (2.0000,0.0000,2.0000)，(0.5000,6.0000,−0.5000)，(−2.2192,0.3699,2.2192)；最后对三个变量依次单位化，单位化结果为 (0.7071,0.0000,0.7071)，(0.0828,0.9931,−0.0828)，(−0.7022,0.1170,0.7022)。

难度等级：****

问题分析：本题主要是二维数组和排序算法的应用。首先使用二维数组存储输入的线性无关向量组，同时分别统计每一个向量中 0 的个数，计算向量的模，并记录向量输入次序。然后根据题目要求对线性无关向量组进行排序。最后按照施密特正交化计算方法完成向量的转换。

实现要点：定义一个 N 行 N+2 列的整型二维数组存储输入的线性无关向量组，由于 0<N<11，所以 N 可以取 12。该数组的后两列分别存储向量中 0 的个数和向量的输入次序，如图 8-1 所示为二维数组的结构示意图。由于向量的模不一定是整数，所以单独定义一个一维数组 mod[N] 存储向量的模。为减少浮点运算，用于排序的模可以先不开方。具体实现时，首先输入向量组，同时统计向量中 0 的个数，记录向量的输入次序，并计算向量的模（不开方），见参考代码第 15 ~ 23 行；然后对输入的向量组进行排序，并进行施密特正交化计算，见代码第 24 和 25 行；最后进行线性无关向量单位化处理，得到标准正交基，并输出，见参考代码第 29 ~ 31 行。

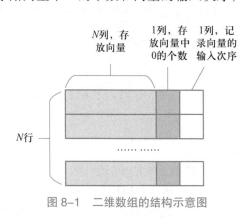

图 8-1 二维数组的结构示意图

参考代码片段：

```
1    #define N 12
2    int calcZero(int (*x)[N+2], int n);
3    double calcMod(int (*x)[N+2], int n);
4    double calcModDouble(double (*x)[N], int n);
5    double calcCoff(int (*x)[N+2], double (*y)[N], int n);
6    int cmp(const void *a, const void *b);
7    void trans(double (*ans)[N],int (*x)[N+2], int n);
```

```
8      double mod[N];                              // 全局数组,存储每个向量的模
9
10     int main()
11     {
12         double ans[N][N];
13         int x[N][N+2];
14         int i, j, n;
15         scanf("%d", &n);
16         for(i = 0; i < n; i++)
17         {
18             for(j = 0; j < n; j++)
19                 scanf("%d", &x[i][j]);
20             x[i][N] = calcZero(x + i, n);     // 统计向量中 0 的个数,存在 x 的倒数第二列
21             x[i][N+1] = i;                     // 向量输入顺序记录在 x 的最后一列
22             mod[i] = calcMod(x + i, n);        // 计算并保存向量的模
23         }
24         qsort(x, n, sizeof(x[0]), cmp);        // 按要求先排序
25         trans(ans, x, n);                      // 施密特正交化,得到一组线性无关向量
26
27         for(i = 0; i < n; i++)
28             mod[i] = calcModDouble(ans + i, n); // 计算线性无关向量的模
29         for(i = 0; i < n; i++)                 // 将线性无关的向量单位化,得到标准正交基
30             for(j = 0; j < n; j++)
31                 printf("%.4f ", ans[i][j] / sqrt(mod[i]));
32         printf("\n");
33         return 0;
34     }
```

　　上述参考代码中,统计向量中 0 的个数,计算向量的模和施密特正交化计算都通过自定义函数实现,其形参使用数组指针形式。此外,在排序时使用快排函数,分别根据向量中 0 的个数(多的在前,少的在后)、向量的模(模大的在前,模小的在后)、向量的输入次序(先输入的在前,后输入的在后)进行排序。优先满足高优先级的条件,在高优先级条件相同的条件下,考虑低一级的排序条件。其比较函数定义如下。

```
int cmp(const void *a, const void *b)
{
    int *pa = (int*) a;
    int *pb = (int*) b;
    int px1 = pa[N+1];    // 以此为下标的 mod 数组元素为对应向量的模
```

```
        int px2 = pb[N+1];

        if((pa[N] > pb[N]) || ((pa[N] == pb[N]) && (mod[px1] > mod[px2])) ||
          ((pa[N] == pb[N]) && (mod[px1] == mod[px2]) && (px1 < px2)))
            return -1;
        else if((pa[N] < pb[N]) || ((pa[N] == pb[N]) && (mod[px1] < mod[px2])) ||
                ((pa[N] == pb[N]) && (mod[px1] == mod[px2]) && (px1 > px2)))
            return 1;
        else
            return 0;
    }
```

读者有必要熟悉并掌握这种根据多条件排序的方法。在学完第 9 章结构与联合后,将该题中的向量、向量中 0 的个数、向量的模和向量输入顺序以结构体形式定义,处理起来会更高效。

8.7 本章小结

本章是指针更深层次原理的理解,重点以数组指针和指针数组为基础展开训练,理解并掌握数组指针和数组元素指针之间的区别和用法。并以 C 语言标准库函数 qsort( ) 为例,掌握函数指针的用法,了解利用函数指针进行泛型编程的设计模式与初步思想。

第9章　结构与联合

　　有些计算对象由多种属性构成,往往需要多种数据类型的变量来共同描述。例如描述一个学生时,一般包括姓名、性别、年龄、班级、学号等多种属性,若使用多种数据类型的数组分别存储和处理,则需要考虑描述同一对象的不同数组之间数据的对应关系,导致程序复杂、低效。为了解决这一问题,C 语言引入两种新的构造数据类型:结构与联合,可以把不同数据类型的数据组织在一起,便于保存和处理较为复杂的数据对象,合理使用可以显著提高编程效率。

9.1　结构体的基本使用:国家信息查询

　　编写一个程序,存储多个国家的时区和首都名信息。在查询时根据待查询的国家名,输出它的时区和首都名信息。

　　输入:1+3n+m 行。第 1 行,两个正整数 n 和 m($m \leq n \leq 500$),中间用空格隔开,分别代表待储存信息的国家数和待查询的国家数;随后 3n 行为 n 组数据,每组数据有 3 行,分别是一个字符串(长度不大于 100 个字符,代表国家名,不重名),一个整数 t($-12 \leq t \leq 11$,表示该国家的时区)和一个字符串(长度不大于 100 个字符,代表该国家的首都名);最后 m 行,每行一个字符串,代表待查询的国家名(待查询的国家名都已被存储)。

　　输出:2m 行。m 组数据,每组数据 2 行,其中第 1 行为一个整数,表示待查询国家的时区信息;第 2 行为一个字符串,表示待查询国家的首都名。

　　样例:

样例输入	样例输出
2 1 China 8 Beijing Japan 9 Tokyo China	8 Beijing

　　样例解释:样例中待储存信息的国家数为 2,待查询的国家数为 1,第一组存储国家名为 China,时区为 8,首都名为 Beijing;第 2 组存储国家名为 Japan,时区为 9,首都名为 Tokyo。待查询国家名为 China,所以输出时区为 8,输出首都名为 Beijing。

难度等级:**

问题分析:本题主要是结构体的基本应用,理解使用结构体存储多种变量类型数据,掌握结构体设计及使用方法。一个国家需要包括国家名、时区和首都名三种信息,通过构建一种结构体,使用结构体数组存储所有的国家信息比较方便。

实现要点:首先构建一种结构体,使其可以保存国家名、时区、首都名三个信息,并定义一个结构体数组 countrys[260] 用来存储所有输入的国家信息(全球的国家和地区数未超过 260 个,定义数组大小为 260 能满足需求)。

```c
typedef struct country_information   //定义结构体
{
    char country_name[105];
    int time_zone;
    char capital_name[105];
} CI;
CI countrys[260];
```

在定义数组时,也可使用 malloc( ) 函数动态申请数组空间。但由于国家和地区数不超过 260,所以直接定义固定长度的数组也不会造成太大的空间开销。本题 m 和 n 都比较小,在查询时,可以采用线性查找逐一比较待查询的国家名是否和已存储的国家名相同,查到后按要求输出信息。但是当 m 和 n 特别大时,需要先对数组进行排序,再使用二分查找法实现查询。

main( ) 函数中的参考代码:

```c
1    int n, m, i, j;
2    char empty[10], query_name[105];
3
4    scanf("%d%d", &n, &m);
5    fgets(empty, 5, stdin);
6
7    for(i = 0; i < n; i++)
8    {
9        fgets(countrys[i].country_name, 100, stdin);
10       scanf("%d", &(countrys[i].time_zone));
11       fgets(empty, 5, stdin);
12       fgets(countrys[i].capital_name, 100, stdin);
13   }
14   for(i = 0; i < m; i++)
15   {
16       fgets(query_name, 100, stdin);
17       for(j = 0; j < n; j++)
```

```
18    {
19        if(strcmp(countrys[j].country_name, query_name) == 0)
20        {
21            printf("%d\n", countrys[j].time_zone);
22            printf("%s\n", countrys[j].capital_name);
23            break;
24        }
25    }
26 }
```

9.2 联合体的基本使用:快速除法 256

除法运算往往会消耗比较多的时间,有些时候可以使用位运算代替除法以加快程序执行效率,但是当除数是 256 或者 256^{2n} 之类的数时,还可以使用联合体以一个更快速的方法实现除法的运算。

输入:一行。一个正整数 n,在 unsigned int 数据类型(即 $0 \sim 4294967295$)的范围内。

输出:一行。两个正整数,分别表示 n/65536 和 n % 65536 的结果,中间用空格隔开。

样例:

样例输入 1	样例输出 1
4294906420	65535 4660
样例输入 2	样例输出 2
305463295	4660 65535
样例输入 3	样例输出 3
4294967295	65535 65535

难度等级:*

问题分析:本题主要是联合体的基本应用,理解联合体中不同类型变量共享同一块储存空间,只因解释类型不同而不同这一特点。65536 为 256^2,即 2^{16},而 65535 是 unsigned short int 类型(即 16 位)所能储存的最大值。所以,若整数 n 除以 65536,相当于 n 左移 16 位,即保留 n 的高 16 位;若整数 n 模 65536,相当于只保留 n 的低 16 位。这是一个简单的除法问题,虽然可以使用很多方法解决,但使用联合体可以获得更快的运算速度。

实现要点:利用联合体数据储存在同一空间,被除数使用联合体定义,在联合体中定义一个 unsigned int 类型的变量存储完整的被除数,定义一个元素个数为 2 的 unsigned short int 类型的数组用来分别保存数据的高 16 位和低 16 位。

要注意的是在联合体中,需要定义的是元素个数为 2 的 unsigned short int 类型数组,而非两个独立的 unsigned short 类型的变量,否则将无法同时获得高位和低位的数据。由于在

X86 和 ARM 架构下数据是小端对齐的,所以使用 a[0] 可以获得低位数据,即模 65536 的结果,使用 a[1] 可以获得高位数据,即除以 65536 的结果(见参考代码第 10 行和第 11 行)。很多 UNIX 服务器是大端对齐的,这时低位的数据需要使用 a[1] 获得,高位的数据需要使用 a[0] 获得。

参考代码:

```
1    unsigned short data_high, data_low;
2    union
3    {
4        unsigned int n;                 //n 中存放被除数
5        unsigned short a[2];
6    } divisor;                          //利用联合体数据存储在同一空间
7
8    scanf("%u", &(divisor.n));
9
10   data_low = (divisor.a[0]);          //使用 a[0] 可以获得低位数据,即模 65536 的结果
11   data_high = (divisor.a[1]);         //a[1] 为高位数据,即除以 65536 的结果
12   printf("%u %u", data_high, data_low);
```

编程提示 36 大端对齐(big-endian)和小端对齐(little-endian)的定义如下:大端对齐就是低位字节排放在内存的高地址端,高位字节排放在内存的低地址端,在这种模式下符号位的判定固定为第一个字节,容易判断正负;小端对齐就是低位字节排放在内存的低地址端,高位字节排放在内存的高地址端,在这种模式下强制转换数据不需要调整字节内容。例如数字 0x12 34 56 78 在内存中的表示形式如下所示:

大端对齐(big-endian)	小端对齐(little-endian)
低地址 ------------------> 高地址 0x12 | 0x34 | 0x56 | 0x78	低地址 ------------------> 高地址 0x78 | 0x56 | 0x34 | 0x12

9.3 结构体联合体嵌套:混合信息查询

输入老师的姓名信息和学生的成绩信息,并分别输出。

输入:N+1 行。第一行,一个正整数 N,表示要输入的信息条数;接下来 N 行,每行首先输入一个字符(S 或 T),如果是 S,表示学生,则接下来连续输入 5 个不大于 100 的正整数,整数之间用空格分隔,分别表示学生五门课程的成绩;如果是 T,表示老师,接下来输入一个长度不大于 20 的字符串,表示老师的姓名。

输出:N 行。按照输入顺序先每行输出一个学生的成绩,再每行输出一个老师的姓名。

样例:

样例输入	样例输出
5	60 70 80 90 100
S 60 70 80 90 100	96 97 98 99 100
S 96 97 98 99 100	59 58 57 56 55
T Xiaoming	Xiaoming
T Erlong	Erlong
S 59 58 57 56 55	

难度等级:***

问题分析:本题是结构体和联合体嵌套的应用。由于输入的信息条数 N 不确定,并且其中学生成绩信息和老师姓名信息的条数也不确定,若采用数组存放输入信息,则无法确定数组的大小。静态申请大数组会导致内存使用过大,出于节省内存的考虑,并且为了便于按顺序存储和检索输入的信息,可以动态构造两个链表分别存放输入的学生成绩和老师姓名,直接遍历链表可以方便地实现按输入顺序输出。

实现要点:链表中的节点是一个结构体,分别包含数据部分和指针部分,其中数据部分使用联合体保存学生成绩信息或老师姓名信息,减少使用空间资源。节点定义为:

```
typedef struct teacher_student_information
{
    union
    {
        char teacher_name[20];
        int student_grade[5];
    } information;
    struct teacher_student_information *next;
} TSI;
```

根据输入的字符 S 和 T 判断身份种类,并将不同种类的信息分别存入不同的链表中,见参考代码第 19 ~ 35 行。最后按照题目要求,先后将学生和老师两个链表中联合体的数据根据其类型进行解释并输出,见参考代码第 41 ~ 54 行。

main( ) 函数中的参考代码:

```
1    int N, i, j;
2    char identity_kind;
3    TSI *teacher_current, *teacher_head;
4    TSI *student_current, *student_head;
5
6    teacher_head = (TSI *) malloc(sizeof(TSI));
7    teacher_head->next = NULL;
```

```
8    teacher_current = teacher_head;
9    student_head = (TSI *) malloc(sizeof(TSI));
10   student_head->next = NULL;
11   student_current = student_head;
12
13   scanf("%d", &N);
14
15   for(i = 0; i < N; i++)              //将师生信息分别存入两个链表
16   {
17       scanf(" %c", &identity_kind);
18
19       if(identity_kind == 'T')       //输入是教师的信息，存入教师的链表
20       {
21           scanf("%s", teacher_current->information.teacher_name);
22           teacher_current->next = (TSI *) malloc(sizeof(TSI));
23           teacher_current = teacher_current->next;
24           teacher_current->next = NULL;
25       }
26       else                           //输入是学生的信息，存入学生的链表
27       {
28           for(j = 0; j < 5; j++)
29           {
30               scanf("%d", &(student_current->information.student_grade[j]));
31           }
32           student_current->next = (TSI *) malloc(sizeof(TSI));
33           student_current = student_current->next;
34           student_current->next = NULL;
35       }
36   }
37
38   //先后将学生信息和教师信息输出
39   teacher_current = teacher_head;
40   student_current = student_head;
41   while(student_current->next != NULL)
42   {
43       for(i = 0; i < 5; i++)
44       {
45           printf("%d ", student_current->information.student_grade[i]);
46       }
```

```
47        printf("\n");
48        student_current = student_current->next;
49    }
50    while(teacher_current->next != NULL)
51    {
52        printf("%s\n", teacher_current->information.teacher_name);
53        teacher_current = teacher_current->next;
54    }
```

9.4   链表的应用:约瑟夫问题

有 N 道题其编号从 1 到 N,把它们围成一圈,从 1 号开始顺序往下数,第 M 道题将被移走,接着再数 M 个,再移走对应的第 M 道题。以此类推,直到最后剩下 1 道题为止,最后剩下题目的编号是多少。

输入:一行。两个整数 N 和 M(1≤M≤N≤1000),中间用空格隔开,其含义如题目描述所示。

输出:一行。一个整数,表示最后剩下题目的编号。

样例:

样例输入 1	样例输出 1
5 2	3
样例输入 2	样例输出 2
30 5	3
样例输入 3	样例输出 3
1000 800	554

样例解释:对于样例 1,依次移走了编号为 2、4、1、5 的题目,最后剩下的题目编号为 3。

难度等级:**

问题分析:约瑟夫问题也称约瑟夫环,是计算机编程中的经典问题。本题可以使用结构体构建循环链表,进一步加深读者对于结构体的理解,掌握动态申请和释放(删除)链表节点的方法。链表节点定义为包括题目编号和指针的结构体,在构建循环链表时,依次按编号使每一道题对应一个节点,节点的定义为:

```
typedef struct problems
{
    int number;
    struct problems *next;
} P;
```

　　按题意依次遍历循环链表，把第 M 个节点删除，并重新连接成环，继续寻找下一个第 M 个节点，再删除，依次类推，最后剩下的那个节点，即可获得最后剩下题目的编号（方法 1）。

　　该题也可以使用一维数组来解决，从数组的指定位置开始循环访问数组，通过对数组长度取模来实现循环访问，对每次循环访问到的第 M 个有效数组进行标记，直到只剩下一个未被标记的数组为止（方法 2）。

　　方法 1（循环链表方式）实现要点：为实现循环链表，程序需要首先申请一个头节点空间，从头节点开始生成链表，最终链表返回该头节点形成循环，见参考代码第 6 ～ 16 行。一般情况下，设定编号为 1（有时为 0）的节点作为头节点可以简化程序。从头节点开始进行循环遍历，删除需要移走的节点，见参考代码第 18 ～ 29 行。最终剩余一个节点时，所剩节点编号即为最终剩下的题目编号。

　　main( ) 函数中的参考代码：

```
1    int N, M, i;
2    P *first, *current, *del;
3    first = (P *) malloc(sizeof(P));        //为头指针申请空间
4    scanf("%d%d", &N, &M);
5
6    current = first;                        //依次令每一道题对应一个节点
7    for(i = 1; i <= N; i++)
8    {
9        current->number = i;
10       if(i < N)
11       {
12           current->next = (P *)malloc(sizeof(P));
13           current = current->next;
14       }
15   }
16   current->next = first;                  //首尾相连形成环
17
18   current = first;
19   while(current->next != current)         //next 指向自身时，说明只剩自身
20   {
21       for(i = 1; i < M - 1; i++)          //令 current->next 为需要删除的节点
22           current = current->next;
23
24       //删除节点，并重新连接成环
25       del = current->next;
26       current->next = del->next;
27       current = current->next;
```

```
28        free(del);
29    }
30    printf("%d", current->number);          //输出最终剩余的题目的编号
```

方法 2（一维数组方式）实现要点：通过定义一个一维数组 pro[1005] 记录第 i 个题目是否被移走，pro[i]＝1 表示第 i 个题目被移走，pro[i]＝0 表示第 i 个题目还未被移走，即未曾被访问过；声明一个函数 int findnext(int x) 来寻找第 x 个题目的下一个未移走的题目；主函数每次对当前位置调用 m-1 次 findnext( ) 函数，然后将该位置的题目移走并在数组 pro 中标记，当有 n-1 个题目被移走时程序结束。

参考代码：

```
1     int pro[1005];                      //下标为题目编号,存放淘汰标记
2     int N, M;
3     int findnext(int x);                //找到下一个题目
4
5     int main()
6     {
7         int i, j;
8         int S = 0;    //S表示从第几个题目开始数,本题第 1 个题目对应下标为 0 的数组
9
10        scanf("%d%d", &N, &M);
11        for(i = 0; i < N-1; ++ i)
12        {
13            for(j = 1; j < M; ++ j) //模拟数 M 次
14                S = findnext(S);
15            pro[S] = 1;                 //标记已经出队
16            S = findnext(S);
17        }
18        printf("%d\n", findnext(S) + 1);
19        return 0;
20    }
21
22    int findnext(int x)
23    {
24        x = (x + 1) % N;
25        while(pro[x])                   //如果当前的这个题目已经淘汰,那么继续寻找
26            x = (x+1) % N;
27        return x;
28    }
```

9.5 链表的应用:名字的奥妙

有些民族同胞的名字是由"孩子名+父亲名"组成,即循序逆推式父子连名法,例如"达列力汗·阿哈买提"这个名字,其中"达列力汗"即是孩子名,"阿哈买提"则是其父亲名。编程通过名字获得遵循这一命名规则的家族的族人关系。

输入:多行输入。每行是一个循序逆推式父子连名法的名字,即孩子名在前,父亲名在后,其中孩子名和父亲名的长度均不超过 15 个字符,且仅含大写或小写字母。假设每个父亲对应一个孩子,数据不会出现断代的情况。

输出:多行输出。从最老的一辈,输出这一家族的人名,每个人名一行。

样例:

样例输入	样例输出
Talgat Sukhrab	Adilet Bolat
Adilet Bolat	Mukhtar Adilet
Sukhrab Mukhtar	Sukhrab Mukhtar
Mukhtar Adilet	Talgat Sukhrab

难度等级:***

问题分析:本题的名字规范与链表有异曲同工之妙,可以使用动态规划的方法进行实现。对每一个输入的人名,根据逆推式父子连名法,在链表中寻找存放其父亲名字的节点(简称"父节点"),若找到了即将其插入父节点之后,否则插入链表末尾。当所有输入数据读完后,链表中存放的数据有部分是有序的,最后对整个链表进行排序后即可按顺序输出。

实现要点:为了方便实现"从后往前找"其父节点,可以使用双向链表,其节点的结构体中包括数据域和指针域:数据域有两个字符数组,分别存放一个人名的孩子名和父亲名;指针域有两个结构体指针变量,在链表中分别指向其前节点和后节点。具体定义如下。

```
1    typedef struct Person
2    {
3        char SelfName[20];
4        char FatherName[20];
5        struct Person *Next;
6        struct Person *Previous;
7    } Person;
```

构建链表头节点,并依次读入输入的人名。通过定义一个 CheckExist( ) 函数,对每一个新输入的人名在链表中寻找是否已有其父节点:若存在,则该函数返回其父节点的指针,便于将新输入的人名节点插入其父节点之后;若尚无父节点,则将新输入的人名节点放在链表尾部,见参考代码第 28 ~ 48 行。当所有输入数据读完后,再通过自定义函数 RenewTheList( ) 实现对链表中不符合逆推式父子连名法的链表节点进行重新排序。最后,从头到尾遍历链表,按顺序输出节点结构体数据域中的孩子名和父亲名,见参考代码中第 50 ~ 57 行。

参考代码:

```
8    Person *Head = NULL;
9    Person *Tail = NULL;
10   Person *CheckExist(char *FatherName);
11   void RenewTheList(void);
12
13   int main()
14   {
15       Head = (Person *)malloc(sizeof(Person));
16       Head->Next = NULL;
17       Head->Previous = NULL;
18       Tail = Head;
19
20       char Self[20] = {};
21       char Father[20] = {};
22       while(scanf("%s %s", Self, Father) != EOF)
23       {
24           char c=0;
25           while((c=getchar()) != '\n' && c != -1);
26
27           Person *Check = CheckExist(Father);
28           if(Check != NULL)        // 已有父节点,将新节点插在父节点之后
29           {
30               Person *Temp = (Person *)malloc(sizeof(Person));
31               Temp->Next = Check->Next;
32               Temp->Previous = Check;
33               Check->Next = Temp;
34               Temp->Next->Previous = Temp;
35               strcpy(Temp->SelfName, Self);
36               strcpy(Temp->FatherName, Father);
37           }
38           else                     // 尚无父节点,将新节点放到链表尾部
39           {
40               Person *Temp = (Person *)malloc(sizeof(Person));
41               Temp->Previous = Tail;
42               Temp->Next = NULL;
43               Tail->Next=Temp;
44               strcpy(Tail->SelfName, Self);
```

```
45              strcpy(Tail->FatherName, Father);
46              Tail=Temp;
47          }
48      }
49      RenewTheList();              // 对不符合逆推式父子连名法的节点进行排序
50      Person *PrintPtr = Head;
51      while(PrintPtr->Next!=NULL)
52      {
53          printf("%s %s\n",PrintPtr->SelfName,PrintPtr->FatherName);
54          PrintPtr=PrintPtr->Next;
55          free(PrintPtr->Previous);
56          PrintPtr->Previous=NULL;
57      }
58      return 0;
59  }
```

上述 main( ) 函数中的定义函数 CheckExist( ),按顺序遍历已有的链表节点,使用标准库函数 strcmp( ) 将新输入人名的父亲名与链表中已有人名的孩子名进行比较判断,若存在父节点,则返回父节点指针,否则返回 NULL。对于自定义函数 RenewTheList( ),先从链表尾部依次向前检查每个节点的前一个节点是否为其父节点,若不是,则从链表头开始遍历查找其父节点,直到找到并将其插入父节点之后为止;最后再检查链表头节点是否为该家族最老一辈的人名,若不是,则需找到并移到其父节点之后。函数 CheckExist( ) 和 RenewTheList( ) 的详细实现请参照本书配套资源中的完整代码。

9.6　栈的应用:括号匹配

判断一行字符串中,左右大括号、左右中括号是否匹配。当同种括号先左后右成对出现,且中间不存在括号或只存在匹配的括号时,则括号匹配;反之,则不匹配。

输入:一行。一个长度不超过 1000 个字符的字符串,其中包含若干个 '{' '}' '[' 和 ']'。

输出:一行。如果括号匹配,则输出 YES;反之,则输出 NO。

样例:

样例输入 1	样例输出 1
{{{[aa]vv}ss}dd}{}	YES
样例输入 2	样例输出 2
123456	YES
样例输入 3	样例输出 3
{[123456}]	NO

续表

样例输入 4	样例输出 4
}opopop}	NO
样例输入 5	样例输出 5
[456[789]	NO

样例解释:样例 3 为括号种类不匹配;样例 4 为括号方向不匹配;样例 5 为括号数量不匹配。有且仅可能有这三种情况的括号不匹配。

难度等级:***

问题分析:本题主要是栈的应用。栈是一种后进先出的数据结构,在构造栈时可以使用结构体搭建链表的形式,也可以使用一维数组实现。要判断字符串中的括号是否匹配,步骤如下。

(1) 从头到尾遍历字符串,当遇到左括号时,使其进栈。

(2) 当遇到右括号时,栈顶元素出栈并与该右括号进行匹配比较,若不匹配,则停止遍历,返回该字符串中的括号不匹配;若匹配,继续进行字符串扫描。

(3) 继续扫描字符,循环执行上述操作。

(4) 当扫描字符串结束时,若栈为空,表示该字符串中的括号匹配;若栈中仍有左括号,则该字符串中的括号不匹配。

图 9-1 所示是以输入 [[( )]] 为例进行括号匹配分析的过程。

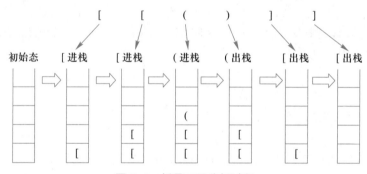

图 9-1　括号匹配分析过程

方法 1(链表方式)实现要点:首先定义链表节点的结构体,并构建栈底节点。遍历到左括号时新建节点,并将左括号存入该节点,具体实现见方法 1 参考代码的第 23 ~ 30 行;遍历到右括号时,与栈顶元素进行比较,如果是匹配的括号,则栈顶下移,删除原来的栈顶节点;如果不匹配,则输出 "NO",具体实现见方法 1 参考代码的第 31 ~ 46 行。当字符串遍历结束后,判断栈是否为空,确定整段字符串中括号是否匹配,具体实现见方法 1 参考代码第 53 行。

方法 1 参考代码:

```
1    typedef struct brackets
2    {
3        struct brackets *last, *next;
```

```
4        char kind;
5    } B;
6
7    int main()
8    {
9        char text[1005], *text_point;
10       B *head = (B *) malloc(sizeof(B));
11       B *current = (B *) malloc(sizeof(B));
12       head->last = NULL;
13       head->kind = '\0';   //标记栈底
14       head->next = current;
15       current->last = head;
16       text_point = text;
17
18       fgets(text, 1000, stdin);
19       while(*text_point != '\0')
20       {
21           switch(*text_point)
22           {
23           case '{':
24           case '[':
25               //左括号入栈
26               current->kind = *text_point;
27               current->next = (B *) malloc(sizeof(B));
28               current->next->last = current;
29               current = current->next;
30               break;
31           case '}':
32           case ']':
33               //右括号出栈
34               //中括号和大括号,左括号的 ASCII 值都比右括号小 2
35               //利用这一特点可以合并进行括号匹配
36               if(current->last->kind + 2 != *text_point)
37               {
38                   printf("NO");
39                   return 0;
40               }
41               else
```

```
42              {
43                  current = current->last;
44                  free(current->next);
45                  break;
46              }
47          default:
48              break;
49          }
50          text_point++;
51      }
52
53      current->last->kind == '\0'? printf("YES") : printf("NO");
54      return 0;
55  }
```

　　方法 2（一维数组方式）实现要点：定义一个一维数组构建栈空间。采用模块化思想定义出栈、入栈、栈满判断和栈空判断等栈操作函数，这些栈操作函数的具体实现可参考相关理论教材。其匹配括号的原理与方法 1 相同，具体实现见方法 2 参考代码。

　　方法 2 参考代码：

```
1   char text[1005], ch;
2   char *text_point = text;
3
4   fgets(text, 1000, stdin);
5   while(*text_point != '\0')
6   {
7       switch (*text_point)
8       {
9       case '{':
10      case '[':
11          stackPush(*text_point);   // 左括号入栈
12          break;
13      case '}':
14      case ']':
15          if(stackEmpty()) // 出栈前，先判断栈是否为空，若栈空则左括号少于右括号
16          {
17              printf("NO\n");
18              return 0;
19          }
20          ch = stackPop(); // 右括号出栈
```

```
21            // 中括号和大括号,左括号的 ASCII 码值都比右括号小 2
22            // 利用这一特点可以合并进行括号匹配
23            if( ch + 2 == *text_point)
24                break;
25            else // 左右括号类型不同
26            {
27                printf("NO\n");
28                return 0;
29            }
30        default:
31            break;
32        }
33        text_point++;
34    }
35    stackEmpty()) ? printf("YES") : printf("NO");　// 栈为空时条件为真
```

9.7　哈希表的应用:哈希搜索

快速确定待搜索数据是否在已有数据集中,详情见输入输出描述。

输入:三行。第一行,两个 10^6 内的正整数 N 和 M,分别表示已有数据和待搜索数据的个数;第二行,N 个在 int 范围内的整数,表示已有数据集 A;第三行,M 个在 int 范围内的整数,表示待搜索数据 B。

输出:一行。对于每个待搜索数 b∈B,若 b∈A,即 b 在 A 中,输出 b 在 A 中第一次出现的位置号(A 的数据个数从 1 开始计数);若 b 不在 A 中,输出 0。输出结果之间用空格隔开。

样例:

样例输入	样例输出
11 6 50 20025 30025 55 45 65 6000 23456 995 55540 23456 12345678 2345678 30025 55 312312 23456	0 0 3 4 0 8

难度等级:****

问题分析:本题主要针对使用链表解决哈希冲突的哈希表,加深读者对结构体、哈希表、哈希冲突解决方法的理解。

本题的数据量 $N=M=10^6$ 比较大,直接用线性搜索,计算复杂度为 $O(N \times M)$,会造成超时;用快速排序,然后二分搜索,计算复杂度函数为 $O((N+M) \times \log_2 N)$,在很多个人计算机上也可能超时,而且如果用快速排序 qsort( ),由于 qsort( ) 是不稳定排序算法,可能导致搜索到的 b 不是第一次出现的位置。

当数据离散并且规模较大时,使用索引表进行存储需要的存储空间大,实现十分困难,这时可以考虑使用哈希表进行存储。为了获得较好的性能,一般哈希表规模应接近数据规模的两倍。

实现要点:首先需要确定一个哈希函数,最简单的哈希函数就是对哈希值的最大值取模,当数据离散且随机时,常常使用这种哈希函数。存储数据时,使用哈希函数获得哈希值,并将其存储到哈希值对应的哈希表中,如果遇到哈希冲突,可以使用链表(链地址法)解决,见参考代码第 22 ~ 41 行;在数据查找时,以同样的方法获得哈希值,在哈希表中进行查找,直到查找到目标值或链表为空为止,见参考代码第 46 ~ 55 行。

参考代码:

```
1    typedef struct hashtable
2    #define HASHMAX 2000000
3    // 一般哈希表大小为数据规模两倍时,往往有比较好的性能
4    // 哈希值应当等于或者略小于数组大小
5
6    typedef struct hashtable
7    {
8        int data;
9        int id;
10       struct hashtable *next;    // 用链表解决哈希冲突
11   } HT;
12   HT *hash_data[HASHMAX], *current;
13
14   int main()
15   {
16       int i, data_in, M, N, hash_key, globlaID = 0;
17
18       scanf("%d%d", &N, &M);
19       for(i=0; i<N; i++)
20       {
21           scanf("%d", &data_in);
22           // 构建哈希表,遇到哈希冲突时将新数据存入链表
23           hash_key = data_in % HASHMAX;
24           if(hash_data[hash_key] == NULL)
25           {
26               hash_data[hash_key] = (HT *) malloc(sizeof(HT));
27               hash_data[hash_key]->data = data_in;
28               hash_data[hash_key]->next = NULL;
29               hash_data[hash_key]->id = ++globlaID;    // 记录输入序号
```

```
30              }
31          else
32          {
33              current = hash_data[hash_key];
34              while(current->next != NULL)
35                  current = current->next;
36              current->next = (HT *) malloc(sizeof(HT));
37              current = current->next;
38              current->data = data_in;
39              current->id = ++globlaID;                    //记录输入序号
40              current->next = NULL;
41          }
42      }
43      for(i=0; i<M; i++)
44      {
45          scanf("%d", &data_in);
46          //在哈希表中进行数据检索
47          hash_key = data_in % HASHMAX;
48          current = hash_data[hash_key];
49          while(current != NULL)
50          {
51              if(current->data == data_in)
52                  break;
53              current = current->next;
54          }
55          current == NULL ? printf("0 ") : printf("%d ", current->id);
56      }
57      return 0;
58  }
```

⬤ 编程提示 37　通过哈希函数计算得到的哈希值一样时,就会产生哈希冲突。解决哈希冲突的常用方法有四种。① 链地址法:在 hash 值为 K 的元素对应的地址上建立一个链表,然后将所有 hash 值为 K 的元素都放在此链表上。优点:链表这种数据结构增删快。缺点:查询慢。② 开放定址法:当通过 hash 函数 H(key) 生成一个地址 p=H(key) 产生了 hash 冲突时,在 p 的基础上进行地址探测,得到新地址 p2,如果 p2 还产生 hash 冲突则以 p 为基础再次进行探测,直到得到不会产生 hash 冲突的地址。③ 再哈希法:使用多个 hash 函数,当一个函数产生冲突时再使用下一个函数再次进行 hash 求值,如果还产生冲突则再使用下一个函数,直到不再产生冲突为止。④ 建立公共溢出区:将 hash 表分成基本表和溢出表两部分,凡是和基本表中的数据产生 hash 冲突的元素一律放入溢出表。

9.8 本章小结

本章介绍了结构体和联合体声明、定义、使用与基本处理知识。首先介绍了如何设计和使用结构体或者联合体来更快速地完成一些任务,并介绍了结构体与联合体嵌套使用的方法。然后介绍了使用结构体构建链表、堆栈、队列、哈希表等数据结构并解决实际问题。本章的结构体和联合体的相关知识,是进一步学习数据结构的基础,学好本章知识,对更好地掌握数据结构有非常重要的意义。

第 10 章 文件与文件流

文件操作在编程中经常用到,是实现大规模调用和存储数据的基础。为便于实现,C 语言提供了许多相关函数,理解和掌握这些函数是高效实现文件操作的基础。前面章节的输入输出函数,本质上也是文件操作。本章主要针对文件读写、文件指针等相关知识进行训练,进一步加深对文件与文件流的理解与掌握。

10.1 文件操作基础:创建日程列表文件

用追加模式创建一个工作日程列表文件 worklist.txt,从键盘按 "month.day:message" 格式输入记录事项,存入记录文件。

输入:若干行。每行一个长度不超过 1000 的字符串。

输出:若干行。在原文件 worklist.txt 的内容之后追加标准输入的内容。

样例:

样例输入	worklist.txt(程序运行前)	worklist.txt(程序运行后)
4.17: sports 4.18: meeting	4.16: movie	4.16: movie 4.17: sports 4.18: meeting

难度等级:*

问题分析:本题是文件续写操作基础,理解并掌握对文件追加输出的操作。

实现要点:使用 fopen( ) 函数打开文件,文件的访问模式为 "a"。

参考代码片段:

```
1    fp = fopen("worklist.txt", "a"); //使用只写 + 附加方式打开,文件指针指向文件尾
2    while((fgets(data_in, 1000, stdin)) != NULL)
3    {
4        fprintf(fp, "%s", data_in);
5    }
```

10.2 文件操作基础:显示日程列表

将题 10.1 创建的日程列表文件 worklist.txt 中当日和未来的日程安排显示出来。

输入：输入 worklist.txt 文件。

输出：若干行。worklist.txt 中当日和未来的日程安排列表。

样例：

样例输入（worklist.txt 文件内容）	样例输出（假设当日是 4 月 17 日）
4.16: movie 4.17: sports 4.18: meeting	4.17: sports 4.18: meeting

难度等级：*

问题分析：本题是读文件操作基础，理解和掌握文本文件的读入操作。

实现要点：使用 fopen( ) 函数打开文件，文件的访问模式为 "r"。为了只显示当日和未来的日程安排，需要先获取当日的日期，然后将读入日程的日期与当前日期进行比较，见参考代码第 12 ～ 14 行。

参考代码片段：

```
1    FILE *fp;
2    int m, d, mon;
3    char buf[BUFSIZ];
4    time_t cur_time;                 //需要头文件 time.h
5    struct tm *newtime;              //结构体时间,包含了年、月、周、日、分、秒等信息
6    fp = fopen("worklist.txt","r");
7    time(&cur_time);
8    newtime = localtime(&cur_time); //获取当前日期
9    while(fscanf(fp, "%d.%d", &m, &d) == 2)
10   {
11       fgets(buf, BUFSIZ, fp);
12       mon = newtime->tm_mon + 1;
13       if(m > mon || (m == mon && d >= newtime->tm_mday)) // 只输出当前和未来的日程
14           printf("%02d.%02d%s", m, d, buf);
15   }
16   fclose(fp);
```

10.3 文件定位：文件指定位置覆写

将由标准输入的第一行字符串输出到 output.txt 文件，随后从倒数第十个字符开始覆写／续写，直到完整输出由标准输入的第二行字符串。

输入：两行，每行是一个由不小于 10 且不超过 1000 的可见字符组成的字符串。

输出:一个 output.txt 文件,其内容是一个如题目要求所示的字符串。

样例:

样例输入 1	样例输出 1(output.txt 文件内容 1)
112233445566778899 abcdefghijklmnooprst	11223344abcdefghijklmnooprst
样例输入 2	样例输出 2(output.txt 文件内容 2)
112233445566778899 a	11223344a566778899

难度等级:**

问题分析:本题是文件指针操作基础,理解并掌握用 fseek( ) 函数移动文件指针的使用方法。

实现要点:第一行内容输出后,指针应以当前位置 1(SEEK_CUR)或文件尾 2(SEEK_END)为基准,向前移动 10 个位置。

参考代码:

```
1    FILE *fp;
2    char data_in[1005];
3    fp = fopen("output.txt", "w");
4
5    scanf("%s", data_in);
6    fprintf(fp, "%s", data_in);
7
8    fseek(fp, -10, 1);   // 从当前位置向前移动 10
9    scanf("%s", data_in);
10   fprintf(fp, "%s", data_in);
11
12   fclose(fp);
```

10.4 文件操作基础:成绩排序

读入一份文件名为 input.csv 的 CSV 文件(逗号分隔值的文件格式)格式的学生成绩单,根据学生成绩由大到小排序后再以 CSV 文件格式输出到文件 output.csv 中。

输入:一份 input.csv 文件,文件中有不超过 1000 行的字符串,每行表示一个学生的信息,包括姓名、学号、性别、年龄和分数,其字符串长度不超过 1000 个字符,姓名和学号长度不超过 10 个字符。

输出:将排序后的成绩输出到文件 output.csv 中。

样例:

样例输入(input.csv 文件内容)	样例输出(output.csv 文件内容)
Grace,32073501,female,19,90	Grace,32073501,female,19,90
John,32073503,male,20,85	Lily,32073109,female,19,88
Asha,32073302,male,18,70	Tony,32073312,male,19,86
May,32073206,female,18,82	John,32073503,male,20,85
Lily,32073109,female,19,88	May,32073206,female,18,82
Tony,32073312,male,19,86	Asha,32073302,male,18,70

难度等级:**

问题分析:本题是读文件操作基础,理解和掌握文件读写操作。

实现要点:首先定义一个学生信息的结构体,分别包含了姓名、学号、性别、年龄和成绩,如下所示。

```
typedef struct stuinfo
{
    char name[11];
    char ID[11];
    char gander[11];
    int age;
    int grade;
} stuinfo;
```

使用 fopen( ) 函数打开文件,其中输入文件和输出文件的访问模式分别为 "r" 和 "w"。使用 strtok_r( ) 函数解析由逗号分隔的姓名、学号、性别、年龄和成绩,存入结构体定义的数组中(见参考代码第 14 ~ 27 行),然后按成绩由高到低进行降序排序后输出。

参考代码片段:

```
1     char *trim(char *str);
2     int cmp(const void *a,const void *b);
3     int main()
4     {
5         int n = 0, i;
6         char *save_ptr, *name, *ID, *gander, *age, *grade;
7         char line[1005];
8         stuinfo stu[1005];
9
10        FILE *inputfp = fopen("test.csv", "r");
11        FILE *outputfp = fopen("outfile.csv", "w");
12        if(inputfp == NULL || outputfp == NULL)
```

```
13          return -1;
14      while(fgets(line, sizeof(line), inputfp))
15      {
16          name = strtok_r(line, ",", &save_ptr);
17          ID = strtok_r(NULL, ",", &save_ptr);
18          gander = strtok_r(NULL, ",", &save_ptr);
19          age = strtok_r(NULL, ",", &save_ptr);
20          grade = strtok_r(NULL, ",", &save_ptr);
21          memcpy(stu[n].name,trim(name),strlen(trim(name)));
22          memcpy(stu[n].ID,trim(ID),strlen(trim(ID)));
23          memcpy(stu[n].gander,trim(gander),strlen(trim(gander)));
24          stu[n].age = atoi(trim(age));
25          stu[n].grade = atoi(trim(grade));
26          n++;
27      }
28      qsort(stu, n, sizeof(stu[0]), cmp);
29      for(i = 0; i < n; i++)
30      {
31          fprintf(outputfp,"%s, %s, %s, %d, %d\n", stu[i].name, stu[i].ID,
32                  stu[i].gander, stu[i].age, stu[i].grade);
33      }
34
35      fclose(inputfp);
36      fclose(outputfp);
37      return 0;
38  }
39  char *trim(char *str)    //将字符串收尾多余字符修剪掉
40  {
41      char *p = str;
42      while(*p == ' ' || *p == '\t' || *p == '\r' || *p == '\n')
43          p ++;
44      str = p;
45      p = str + strlen(str) - 1;
46      while(*p == ' ' || *p == '\t' || *p == '\r' || *p == '\n')
47          -- p;
48      *(p + 1) = '\0';
49      return str;
50  }
51  int cmp(const void *a, const void *b)
```

```
52   {
53       stuinfo *ax = (stuinfo *) a;
54       stuinfo *bx = (stuinfo *) b;
55       if((*bx).grade > (*ax).grade)
56           return 1;   //降序排序
57       else if((*bx).grade < (*ax).grade)
58           return -1;
59       else
60           return 0;
61   }
```

10.5　二进制文件读取:判断 BMP 文件

BMP 位图文件是以 0x4d42(十六进制)开始的,编程判断一个 BMP 格式文件是否合法。

输入:test.bmp 文件。

输出:一行。若 test.bmp 文件合法,输出 Correct!,否则输出 Error!。

难度等级:*

问题分析:本题是二进制文件操作基础,理解和掌握二进制文件读入操作。

实现要点:打开输入时,其访问模式应为 "rb",即二进制读方式打开。然后使用 fread( ) 函数从 BMP 文件的开始位置读取两个字节的二进制数,然后与 0x4d42 比较。

参考代码片段:

```
1    FILE* fp;
2    unsigned short bfType;
3    fp = fopen("test.bmp", "rb"); //读取 test.bmp 文件。
4
5    fread(&bfType, sizeof(unsigned short), 1, fp);
6    if(bfType == 0x4d42)
7        printf("Correct!" );
8    else
9        printf("Error!" );
10   fclose(fp);
```

10.6　二进制文件读写:数据大小端转换

不同系统采用不同的大小端存储方法,如 Windows 系统中是小端对齐,而 UNIX 系统是大端对齐。为了可以跨平台使用,编写程序实现将 Windows 系统中存储了小端对齐的若干个

unsigned int 型数据的二进制文件转换为 UNIX 系统能正确使用的大端对齐二进制文件。

输入:input.bin 文件,文件中的数据都是小端对齐的 unsigned int 型数据(十六进制表示)。

输出:output.bin 文件,文件中的数据都是大端对齐的 unsigned int 型数据(十六进制表示)。

样例(样例数据是在二进制文件中打开,以十六进制显示的效果):

样例输入 1(input.bin 文件内容)	样例输出 1(output.bin 文件内容)
00F01234	3412F000
样例输入 2(input.bin 文件内容)	样例输出 2(output.bin 文件内容)
5678FFDDEECCBBAA	DDFF7856AABBCCEE

样例解释:样例输入和输出都是以十六进制显示的二进制数据。样例 1 是一个十六进制显示的 unsigned int 型数据,占 32 位,4 个字节,小端对齐,将其转换为大端对齐,即低字节在高位,高字节在低位的形式就是样例输出的 3412F000。样例 2 是 8 个字节,所以是两个以十六进制显示的 unsigned int 型数据,分别是 5678FFDD 和 EECCBBAA,需要针对每一个数据进行转换后输出,得到 DDFF7856AABBCCEE。

难度等级:**

问题分析:本题是二进制文件操作基础,理解并掌握对二进制文件的输入输出操作。每个 unsigned int 型数据是 32bit,占 4 个字节的存储空间,为了能够转换尾端对齐方式,需要将 unsigned int 拆解为 4 部分,每部分是 8 位,即 1 个字节。

实现要点:打开输入和输出文件时,其访问模式应为 "rb" 和 "wb",即分别是二进制读和写方式打开,见参考代码第 8 和 9 行。可以使用联合体实现数据高字节和低字节的拆解。首先定义一个联合体,见参考代码第 3 ~ 6 行,其中读入数据时存入 input_data,占 4 个字节。在输入时,使用无符号字符型数组元素解释联合体数据,由 output_data[3]~output_data[0] 逆序取出每一个字节,依次按二进制写的方式写入文件,见参考代码第 12 ~ 18 行。

参考代码片段:

```
1    FILE *fp_in, *fp_out;
2    union
3    {
4        unsigned int input_data;
5        unsigned char output_data[4];
6    } data_in;
7    int i;
8    fp_in = fopen("input.bin", "rb");    //使用二进制读方式打开文件
9    fp_out = fopen("output.bin", "wb");  //使用二进制写方式打开文件
10
11   //读取并反转每一个 unsigned int 型二进制数据
12   while(fread(&(data_in.input_data), 4, 1, fp_in) == 1)
13   {
```

```
14        for(i = 0; i < 4; i++)
15        {
16              fwrite(&(data_in.output_data[3 - i]), 1, 1, fp_out);
              //字符型数组元素解析联合体数据
17        }
18    }
19    fclose(fp_in);
20    fclose(fp_out);
```

10.7 本章小结

本章介绍了文件读写、文件指针的基本知识,包括文件读入、清空重写、续写和覆写等。介绍了二进制文件读写的方法以及文件指针的基本操作。在计算机应用中,绝大部分数据使用文件进行储存,文件操作是大规模调用和存储数据的基础,对复杂程序编写和大规模数据处理具有重要作用,读者应多加练习,熟练掌握文件的用法。

综合训练

程序设计初学者在解决问题时往往直接从编码入手,这针对简单情况或单一问题求解时,一般不会有太大问题,然而面对稍微复杂的综合问题,这样往往会使人陷入困境。本章主要针对相对综合的问题进行编程训练,针对具体问题如何选择数据结构、如何进行算法设计进行综述训练,其目的是希望读者能进一步体会"程序 = 数据结构 + 算法问题"的思想。

11.1　算法设计:吃糖

有 n 堆糖按顺序排列,每一堆都有一定数量的糖果。对于每一堆糖,你都可以吃掉其任意数量的糖果,当然最多将这堆糖吃完,但是不能移动糖堆。至少要吃掉多少颗糖果,才能使任意相邻的两堆糖果数之和不超过 m。

输入:两行。第一行是两个正整数 n 和 m,中间用空格隔开,含义如题目所示,其中 $n \leqslant 10^5$;第二行是 n 个用空格分隔的非负整数,分别表示每堆糖的糖果数量。

输出:一行。一个整数,表示至少要吃掉多少颗糖果才能满足题目要求。

样例:

输入	输出
7 4 2 3 4 5 6 7 8	21

难度等级:**

问题分析:需要找到一种方案,计算至少要吃掉的糖果数。假设这 n 堆糖果分别为 a_1, a_2, ..., a_n,从前往后看每一个相邻堆 a_i 和 a_{i+1},如果它们的和不超过 m,则继续看下一个相邻堆。由于 a_{i+1} 还需要在下一个相邻堆中判断,故采取贪心的策略,为达到局部最优,优先吃掉 a_{i+1} 这一堆的糖果,a_{i+1} 吃完了再吃 a_i,直到两堆的数量之和等于 m。这样的局部最优可以达到整体最优的效果。

实现要点:使用数组将 n 堆糖的糖果数量存储起来,按问题分析中的方案,进行 n-1 次循环从前往后判断所有的相邻堆,用一个变量 ans 记录吃掉的糖果数量,同时更新数组中的值,见参考代码第 8 ~ 26 行。

参考代码:

```
1    int i, m, n, temp, ans = 0;
2    int a[100005] = {0};
3
```

```
4    scanf("%d%d", &n, &m);
5    for(i = 0; i < n; i++)
6        scanf("%d", &a[i]);
7
8    for(i = 0; i < n - 1; i++)                    //n-1 次循环,判断所有相邻堆
9    {
10       if(a[i] + a[i+1] <= m)                    // 如果相邻堆的数量和不超过 m,则不需要吃
11           continue;
12       else
13       {
14           temp = a[i] + a[i+1] - m;             // 对于这个相邻堆至少要吃掉的数量
15           ans += temp;
16
17           //优先吃后面这一堆
18           if(a[i+1] >= temp)                    // 可以只吃后面这一堆
19               a[i+1] -= temp;
20           else                                  // 只吃后面这一堆不够
21           {
22               a[i+1] = 0;
23               a[i] = m;
24           }
25       }
26   }
27   printf("%d\n", ans);
```

11.2 算法设计:走迷宫

一个只能向右或向下走,大小为 10×10 的迷宫中,从左上角进入,判断是否可以从右下角离开。

输入:十行。每行十个数值为 0 或 1 的整数,两两之间用空格隔开。用这十行十列数字表示迷宫,其中 1 代表可以通行,0 代表不能通行。

输出:一行。如果可以从右下角离开迷宫,则输出 YES,反之输出 NO。

样例:

样例输入 1	样例输出 1
1 1 1 1 1 1 1 1 1 1 0 0 1 0 0 0 0 0 0 1 0 0 1 0 0 0 0 0 0 1 0 0 1 0 0 0 0 0 0 1	YES

续表

样例输入 1	样例输出 1
0 0 1 1 1 1 1 1 1 1 0 0 1 0 1 0 0 0 0 1 0 0 0 0 1 0 0 0 0 0 0 0 0 0 1 0 0 0 0 0 0 0 0 0 1 0 0 0 0 0 0 0 1 1 1 1 1 1 1 1	
样例输入 2	样例输出 2
1 1 1 1 1 1 1 1 1 1 0 0 1 0 0 0 0 0 0 1 0 0 1 0 0 0 0 0 0 1 0 0 1 0 0 0 0 0 0 1 0 0 1 0 1 1 1 1 1 1 0 0 0 0 1 0 0 0 0 1 0 0 0 0 1 0 0 0 0 0 0 0 0 0 1 0 0 0 0 0 0 0 0 0 1 0 0 0 0 0 0 0 1 1 1 1 1 1 1 1	NO

难度等级:***

问题分析:可以通过构建队列(简称队)进行广度优先搜索或构建堆栈(简称栈)进行深度优先搜索来实现。

如果采用广度优先搜索的方法,遇到可向两方向移动的节点时记录该节点,并从被记录且未使用的第一个节点开始搜索。对于样例 1,分四步依次完成 1 ~ 6 路径的搜索,具体如下:

(1) 如图 11-1 所示,由起点沿路径 1 搜索至①节点,此时可向两方向移动,将 1-2 与 1-3 入队。

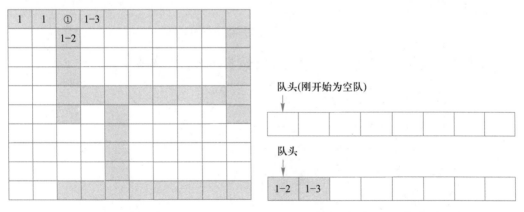

(a) 迷宫搜索过程   (b) 队的操作(深色背景框表示队中的元素)

图 11-1 广度优先搜索第一步示意图

(2) 如图 11-2 所示,将节点 1-2 出队,由 1-2 沿路径 2 搜索至②节点,此时可向两方向移动,将 2-4 与 2-5 入队。

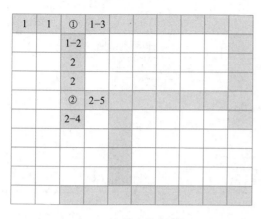

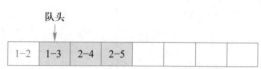

(a) 迷宫搜索过程   (b) 队的操作(浅色背景框表示出队元素)

图 11-2 广度优先搜索第二步示意图

（3）如图 11-3 所示，依次将节点 1-3、2-4 出队进行搜索，至不能移动为止，无可向两方向移动的节点，无节点入队，将 2-5 节点出队，由 2-5 搜索至⑤节点，此时可向两方向移动，将 5-6 与 5-7 入队。

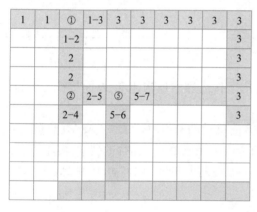

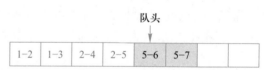

图 11-3 广度优先搜索第三步示意图

（4）如图 11-4 所示，将 5-6 节点出队进行搜索，抵达终点，完成搜索。

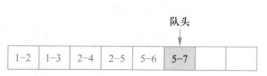

图 11-4 广度优先搜索第四步示意图

方法 1（队的广度优先搜索）实现要点：首先定义队列节点的结构体，其数据部分包括两个整型变量 x 和 y，分别表示向下和向右，其定义代码如下所示。

```
typedef struct crossing
{
    int x;
    int y;
    struct crossing *next;
} C;
```

定义一个 10 行 10 列的二维数组 map[10][10] 存放输入数据，模拟迷宫。以左上 map[0][0] 为起点，开始移动并遍历迷宫，直到不能移动为止。当遇到可以向两个方向移动的位置，同时记录两方向移动的目标节点（见参考代码 1 第 26 ~ 39 行），随后直接从队头取出数据，进行新一次尝试。在无法移动时，判断是否到达右下角，如果达到直接输出 "YES"，见参考代码 1 第 47 ~ 51 行；否则，从队头取出节点，进行新一次尝试（进入下一轮循环，执行参考代码 1 的第 17 和 18 行）。当队列为空时（即 rear==NULL），说明无法到达右下角，输出 "NO"。

main( ) 函数中的参考代码 1：

```
1    int map[10][10];
2    int i, j, loc_x, loc_y;
3    C *head, *rear;
4
5    head = (C *) malloc(sizeof(C));
6    head->x = 0;
7    head->y = 0;
8    head->next = NULL;
9    rear = head;
10
11   for(i = 0; i < 10; i++)
12       for(j = 0; j < 10; j++)
13           scanf("%d", &map[i][j]);
14   while(rear != NULL)
15   {
16       // 节点出队，从新节点开始尝试
17       loc_x = rear->x;
18       loc_y = rear->y;
19
20       // 如果移动到可向两方向移动的位置，则记录两目标位置，停止移动
21       // 如果移动到不能移动，也停止移动
22       // 在停止移动后，判断当前节点是否为右下角出口
```

```
23          while(map[loc_x + 1][loc_y] == 1 || map[loc_x][loc_y + 1] == 1)
24          {
25                  // 保存可以向两个方向移动的路口到队尾新节点,并选择向下移动
26                  if(map[loc_x + 1][loc_y] == 1 && map[loc_x][loc_y + 1] == 1)
27                  {
28                          head->next = (C *) malloc(sizeof(C));
29                          head = head->next;
30                          head->next = NULL;
31                          head->x = loc_x + 1;
32                          head->y = loc_y;
33                          head->next = (C *) malloc(sizeof(C));
34                          head = head->next;
35                          head->next = NULL;
36                          head->x = loc_x;
37                          head->y = loc_y + 1;
38                          break;
39                  }
40                  // 如果只能单向移动则直接移动
41                  else if(map[loc_x + 1][loc_y] == 1)
42                          loc_x++;
43                  else
44                          loc_y++;
45          }
46
47          if(loc_x == 9 && loc_y == 9)    // 判断是否到达右下角
48          {
49                  printf("YES");
50                  return 0;
51          }
52          rear = rear->next;
53  }
54  printf("NO");
55  return 0;
```

如果采用深度优先搜索的方法,遇到可向两方向移动的节点时,向下移动,并记录该节点,在移动到无法移动后,从被记录的最后一个节点开始搜索。对于样例 1,如图 11-5 深度优先搜索示意图所示依次完成 1 ～ 2 路径的搜索。

方法 2(栈的深度优先搜索)实现要点:map[10][10] 的含义与方法 1 相同,以左上 map[0][0]为起点,开始移动并遍历迷宫,直到不能移动为止。当遇到可以向两个方向移动的位置,向下

继续移动,并将向右移动的位置进栈(见参考代码2第19～26行),无法移动且不位于出口时,元素出栈并进行新一次尝试,从栈顶取出位置,见参考代码2第12～15行。

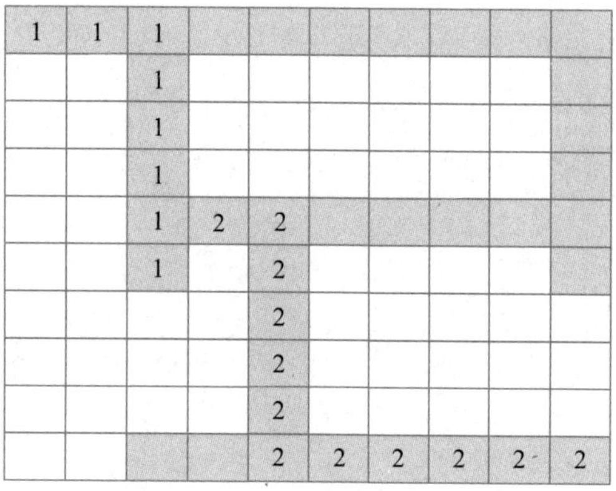

图 11-5　深度优先搜索示意图

参考代码 2:

```
1    int map[10][10];
2    int crosssing_stack[20][2];
     // crossing_stack[][0] 记录 x 坐标,crossing_stack[][1] 记录 y 坐标
3    int i, j, loc_x, loc_y;
4
5    crosssing_stack[0][0] = 0;
6    crosssing_stack[0][1] = 0;
7
8    // 此处采用 for 循环嵌套读入输入数据,与方法 1 相同
9    i = 0;
10   while(i >= 0)
11   {
12       // 在路口向右移动,数据出栈
13       loc_x = crosssing_stack[i][0];
14       loc_y = crosssing_stack[i][1];
15       i--;
16       // 如果可以移动,则移动到不能继续移动为止,随后判断是否能从右下角离开
17       while(map[loc_x+1][loc_y] == 1 || map[loc_x][loc_y+1] == 1)
18       {
19           // 保存可以向两个方向移动的路口到栈顶,并选择向下移动
20           if(map[loc_x+1][loc_y] == 1 && map[loc_x][loc_y+1] == 1)
21           {
22               i++;
23               crosssing_stack[i][0] = loc_x;
```

```
24              crosssing_stack[i][1] = loc_y + 1;
25              loc_x++;
26          }
27          // 如果只能单向移动则直接移动
28          else if(map[loc_x+1][loc_y] == 1)
29              loc_x++;
30          else
31              loc_y++;
32      }
33      if(loc_x == 9 && loc_y == 9)  // 判断是否到达右下角
34      {
35          printf("YES");
36          return 0;
37      }
38  }
39  printf("NO");
40  return 0;
```

通过该题可以进一步加深读者对队、栈及搜索算法的理解,并利用其方法解决实际问题。

➤ **编程提示 38**   深度优先搜索(depth-first search,DFS)和广度优先搜索(breadth-first search, BFS)都是程序设计中常见的搜索算法。

DFS 常用栈实现,从某一个状态开始,不断地转移状态直到无法转移,然后回退到前一步的状态,继续转移到其他状态,如此不断重复,直到找到最终的解。

广度优先搜索,常用队列实现从某个状态出发,搜索所有可一步到达的状态,随后再多一步到达的状态,如此不断重复,直到找到最终的解。

搜索时首先将初始状态添加到堆栈或队列里,然后从堆栈顶或队列头不断取出状态,把从该状态可以转移到的状态中尚未访问过的部分加入堆栈或队列里;如此往复,直到堆栈或队列为空或找到问题的解。

而关于两种搜索方法的选用,如果搜索目标离初始位置近,或从某一位置进行搜索可能的搜索方向少(解决方案很少)时,广度优先搜索可能会更好;反之,如果搜索目标较深,从某一位置进行搜索可能的搜索方向较多,则使用广度优先搜索的内存开销很大,应当采用深度优先搜索的方式。本题数据规模较小、情况比较简单,使用两种搜索的差异不大。但当迷宫规模较大、且可选择方向增加时,选用深度优先搜索的方法往往会有更好的性能。

11.3   算法设计:密码新解

定义一种密码的解密方式:对于一个密文数字 num,首先将所有素数从小到大排列,然后将 num 解密为第 num 个位置的素数。例如,前 10 个素数为:2,3,5,7,11,13,17,19,23,29,则密文数字 1 解密后为 2,密文数字 3 解密后为 5,密文数字 9 解密后为 23。输入 n 个密文数字,输出它们解密后的结果。

输入:多组数据输入,数据组数不大于 100 组,每组数据两行。第一行为一个正整数 $n(n \leq 10^4)$,表示有 n 个密文数字需要解密;第二行为 n 个正整数,分别代表 n 个密文数字 $num(num \leq 10^4)$。

输出:对于每组数据输出一行,n 个数,代表解密之后的明文。

样例:

样例输入	样例输出
2 2 4 5 1 3 5 7 9	3 7 2 5 11 17 23

难度等级:***

问题分析:本题重点是提高程序的处理效率。为了防止程序执行超时,可以提前生成一个升序的素数表,避免重复的素数判断。根据输入的密文数字 num,直接输出对应位置上的素数即可。

实现要点:将素数表存储在一个数组 primes 中,以密文数字 num 为下标的数组元素就是其解密后的数字。其中生成素数表的过程可以定义一个 init_primes( ) 函数实现。为了加速素数表的生成过程,可以有两层优化:

1. 素数判断优化。判断整数 n 是否为素数的方法有如下几种。

(1) 最简单的方法,遍历比 n 小的数,看看能否被 n 整除。若能整除,则不是素数;否则,是素数。

(2) 数学上可以证明,不需要遍历到 n-1,只需要遍历到 sqrt(n) 就行了,这样处理显然程序执行效率更高,数据大时的计算依然耗时较大。

(3) 偶数显然不是质数,只判断奇数,就能提高一倍速度,但效率依然不够高。

(4) 可以证明,一个整数 n 若不能被小于等于 sqrt(n) 的所有素数整除,则 n 必为素数。利用已生成的素数表判断 n 是否是素数可以减少大量遍历,另外在具体实现时不直接使用 sqrt(n),而是用乘法代替开方会更快更准。

具体见如下参考代码。

参考代码(素数判断):

```
1    long long isPrime(long long n)
2    {
3        for(int i=0; primes[i]*primes[i] <= n; i++) // 素数判断加速
4            if(m % primes[i] == 0)
5                return 0;
6
```

```
7        return 1;
8    }
```

2. 构造素数表优化。有了判断是否是素数的函数 isPrime( ) 后,为了构造素数表,最简单的方法是采用循环结构,从 3 开始,步长为 2,一步一步地判断是否是素数,若是,加入到质数表里。为了进一步提高效率,通过观察,在连续六个数中:6n、6n+2 和 6n+4 是偶数,可以排除是素数;6n+3 是 3 的倍数,也可以排除;只剩 6n+1 和 6n+5 需要判断。把 6n+1 和 6n+5 写出来,其循环步长是 4,2,4,2,…,所以采用 4/2 步长,可以减少对其他数的判断。具体实现时,首先将 2、3、5 放到素数表中,从 7 开始判断,分别按 4/2 步长增加,可以加快判断速度。具体如下参考代码。

参考代码:

```
1    void init_primes(long long Q) // 要求 Q >= 3
2    {
3        int count, num, step;
4        primes[0] = 2;          // 不用这个数,随便设置一下。素数表 primes 是一个全局数组
5        primes[1] = 2;          // 素数表中的第一个素数
6        primes[2] = 3;
7        primes[3] = 5;          // 前 3 个素数直接给
8        count = 4;              // count 是素数计数器,即第 count 个素数
9        num = 7;                // 从 7 开始,判断该数是否为素数
10       step = 4;               // 初始步长为 4
11
12       while(count < Q)
13       {
14           if(isPrime(num))
15               primes[count++] = num;
16           num += step;
17           step = 6 - step; // 构造 4-2-4-... 序列,减少遍历
18       }
19   }
```

11.4 算法设计:排序新解

给定一个非递减顺序的整数数组 nums,由该数组中每个数字的平方可以组成一个新数组,请输出新数组从小到大排序后的结果。

输入:输入有两行。第一行输入一个正整数 n(1≤n≤50000);第二行输入 n 个用空格隔开的数字,表示数组 nums 的每个元素(值都在 int 范围内)。

输出:输出一行,为新数组按从小到大排序后的结果。

样例:

样例输入	样例输出
7 -4 -1 0 1 3 4 10	0 1 1 9 16 16 100

样例解释:输入数组为 [-4,-1,0,1,3,4,10],平方后,数组变为 [16,1,0,1,9,16,100],按照从小到大排序后变为 [0,1,1,9,16,16,100]。

难度等级:***

问题分析:本题重点是提高程序的执行效率,防止运行超时。

解题方法 1,采用比较直观的解题思路是对给定数组中的元素进行平方计算后,重新排序输出。

解题方法 2,题目中给定的数组是一个非递减顺序的整数数组,如果数组元素全是非负数,则平方后,顺序不变,因此可直接按序输出每个数的平方;如果数组元素全是非正数,逆序输出每个数的平方;如果既有正数又有负数,找出值为第一个非负元素的位置,从该位置起,顺序往后是升序(平方后也是升序),该位置前面的若干个也是升序(平方后降序),对这两个部分采用归并算法进行输出。

方法 1 实现要点:给定数组元素是 int 数据范围,其平方后可能超出 int 数据范围,因此使用 long long 型数组。在对平方后的数组元素排序时,可以采用冒泡排序法(输入序列基本有序的情况下,优化后的冒泡排序算法有比较高的效率,该数组平方后仍然基本有序,可以用优化后的冒泡排序)。

方法 1 参考代码:

```
1    void bubbleSort_optimize(long long a[], int n)  //a指向平方后的数组
2    {
3        int i, j;
4        long long hold;
5        for(i = 0; i < n - 1; i++)
6        {
7            int flag = 1;
8            for(j = 0; j < n - 1 - i; j++)
9                if(a[j] > a[j + 1])
10               {
11                   hold = a[j];
12                   a[j] = a[j + 1];
13                   a[j + 1] = hold;
14                   flag = 0;
15               }
16           if(flag == 1)
```

```
17              break; // flag 为 1 表示上轮遍历时没有 (a[j] > a[j+1]) 的情况,已排序完毕
18          }
19      }
```

值得注意的是,随着数据量的增加,或者极端数据(如全是负数时)使用冒泡排序算法可能出现程序执行超时的问题。在这种情况下,可以考虑采用 C 语言中的快速排序函数 qsort( ),其时间复杂度可以达到 $O(n\log n)$。该函数的具体使用方法请参考第 8 章相关内容。

方法 2 实现要点:把输入存入全局数组 num,当数组 num 的元素全是非负数时,顺序输出各个数的平方;当给定的数组元素全是非正数时,逆序输出各个数的平方。

如果既有正数又有负数,找到第一个非负元素的位置 R,位置 R~n-1 的数据平方后记为数组 A,则 A 是升序;位置 0~R-1 的数据平方后记为数组 B,则 B 是逆序,把 B 逆向后的数组 C 为正序。对 A 和 C 用归并算法进行输出。具体实现如参考代码 mergePrint( ) 函数所示。

方法 2 参考代码:

```
1   void mergePrint(int n)
2   {
3       int i, j, index;
4       for(i = 0; i < n; i++)
5       {
6           if(num[i] >= 0)                 //第一个非负元素位置
7           {
8               index = i;
9               break;
10          }
11      }
12      //merge output,对两个升序数组进行合并输出
13      int L = index-1, R = index;  // 0 <= L < index,  index <= R <= n-1
14      for(i = 0; i < n; i++)
15      {
16          if(num[L] * num[L] < num[R] * num[R])
17          {
18              printf("%lld ", num[L] * num[L]);
19              L--;
20              if(L < 0)                       //输出剩余的后面所有数组元素
21              {
22                  for(j = R; j < n; j++)
23                      printf("%lld ", num[j] * num[j]);
24                  break;
25              }
26          }
```

```
27          else
28          {
29              printf("%lld ", num[R] * num[R]);
30              R++;
31              if(R > n-1)                  // 输出剩余的前面所有数组元素
32              {
33                  for(j = L; j >= 0; j--)
34                      printf("%lld ", num[j] * num[j]);
35                  break;
36              }
37          }
38      }
39  }
```

方法 2 不需要排序,仅用归并算法,非常高效,其时间复杂度为 $O(n)$。读者应仔细阅读,牢固掌握这种方法。

11.5 算法设计:前 5 长字符串

有很多行字符串,输出前 5 长的字符串,并按照输入顺序输出。如果第 5 长的字符串有多个,输出先出现的。

输入:多行输入,每行一个字符串 s,其中字符串 s 的长度 len 满足 $1 \leqslant len \leqslant 1000$,输入的字符串总数 n 满足 $5 \leqslant n \leqslant 100000$,并且字符串仅包含可见字符。

输出:5 行,按照输入的顺序,输出前 5 个最长的字符串,每行一个字符串。

样例:

样例输入	样例输出
1 abc	1 abc
2 abcdef	2 abcdef
3 hello world	3 hello world
4 AB	6 abcde
5 XYZ	7 i'm Good
6 abcde	
7 i'm Good	

样例解释:输入共 7 行字符串,输出样例为前 5 长的字符串;字符串 "4 AB" 最短不输出,字符串 "5 XYZ" 虽然和 "1 abc" 长度相等,但在输入顺序中它后出现,且不输出。

难度等级:***

问题分析:本题主要是字串与字符数组的应用。由于数据量大,并且内存限制,所以不能将所有字符串全部存下来再排序。题目要求按输入顺序输出最长的 5 个字符串,可以在顺序输入字符串的过程中动态维护当前最长的 5 个字符串,并且按照输入顺序进行保存。

实现要点:定义一个二维字符数组 s_max[5][1010] 用于存储最长的 5 个字符串,并按输入顺序动态维护这 5 个字符串。首先,按输入顺序存储前 5 个输入的字符串,见参考代码第 5 ~ 9 行。然后,循环读入字符串,对每读入一行的字符串 instr,先在当前已存储的 5 个字符串中找到最短且最后出现的字符串 S,并记录它的长度 minLen 和行号 minLenIndex,见参考代码第 15 ~ 22 行,如果字符串 instr 的长度大于 minLen,那么将 S 之后的字符串依次往前移动一个存储位置,把 instr 存在第 5 行,见参考代码第 23 ~ 32 行。所有字符串都处理完后,将字符数组 s_max 中的字符串依次输出。

参考代码:

```
1    char s_max[N][1010] = {""}, instr[1010]; //按题意,可以把宏常量 N 定义为 5
2    int len[N] = {0};
3    int str_len, minLenIndex, minLen, i;
4
5    for(i = 0; i < N; i++)
6    {
7        gets(s_max[i]);
8        len[i] = strlen(s_max[i]);
9    }
10   while(gets(instr) != NULL)
11   {
12       str_len = strlen(instr);
13       minLen = len[0];
14       minLenIndex = 0;
15       for(i = 0; i < N; i++)
16       {
17           if(len[i] <= minLen)               // 找到最短的而且是最后出现的
18           {
19               minLen = len[i];
20               minLenIndex = i;
21           }
22       }
23       if(str_len > minLen)                   // 如果新输入的字符串长度大于最短值
24       {
25           for(i = minLenIndex; i+1 < N; i++) // 把最短字符串后面的字符串统一前移
26           {
27               strcpy(s_max[i], s_max[i+1]);
28               len[i] = len[i+1];
```

```
29          }
30          strcpy(s_max[N-1], instr);      // 将新输入的字符串放在第 N 个
31          len[N-1] = str_len;
32      }
33  }
34  for(i = 0; i < N; i++)
35      printf("%s\n", s_max[i]);
```

11.6 算法设计:堆石头

有 n 个石堆,第 i 个石堆开始有 a_i 块石头,且同一石堆的所有石头的颜色相同(红色或蓝色)。如果一堆石头是红色的,则可以在最上面垒上 1 块红色石头(石头数 +1);如果一堆石头是蓝色的,则可以从最上面移走 1 块蓝色石头(石头数 -1)。判断是否可以通过有限次操作使得这 n 个石堆的石头数包含从 1 到 n 的所有数字。

输入:共 3t+1 行。第一行为一个不超过 10 的正整数 t,表示有 t 组数据。对于每组数据,输入三行,第 3k+2(0≤k≤t-1)行是一个不超过 1000 的正整 n,表示有 n 堆石头;第 3k+3 行是 n 个正整数 $a_i(a_i≤10^6)$,表示第 i 个石堆有 a_i 个石头;第 3k+4 行是一个长度为 n 且仅含字母 R 或 B 的字符串 S,如果第 i 个字母为 R,表示第 i 堆石头为红色;如果第 i 个字母为 B,表示第 i 堆石头为蓝色。

输出:共 t 行。对于每组数据,输出一行。对每组数据,如果可以通过有限次操作使得这 n 个石堆的石头数包含从 1 到 n 的所有数字,输出 YES;否则,输出 NO。

样例:

输入	输出
3 4 1 2 5 2 BRBR 2 1 1 BB 5 3 1 4 2 5 RBRRB	YES NO YES

样例说明:对于第一组数据,可以通过以下几步得到满足题意的石堆:初始石头数为 [1,2,5,2],先选择第三个石堆(蓝色)进行操作,得到 [1,2,4,2];再选择第二个石堆(红色)进行操作,得到 [1,3,4,2],即完成操作。

难度等级:****

　　问题分析:本题主要是贪心与分治思想和排序算法的综合训练。可以采用贪心法或和分治法:

　　方法 1:使用贪心法需要考虑不同红、蓝石堆的价值和获得石头数为 x 的石堆的难度。石头数为 1 的红色石堆可以变为任意石头数,同理石头数为 10^6 的蓝色石堆也可以变为任意石头数;而石头数为 10^6 的红色石堆最终石头数只能为 10^6,同理石头数为 1 的蓝色石堆最终石头数也只能为 1。所以说,红色石堆初始石堆数越小价值越高,蓝色石堆初始石堆数越大价值越高。要获得石头数较小的石堆,使用蓝色石堆来减比较容易;同样,要获得石头数较大的石堆,使用红色石堆来增更容易。

　　方法 1 实现要点:贪心法的思路就是尽可能使用低价值的初始石堆来达到目标值。因此,可以从目标值 1 开始枚举,先使用最小蓝色石堆来填充,即用低价值的石堆完成更能简化工作。在具体实现时,需先对红色和蓝色石堆的石堆数分别进行排序,然后对目标值进行遍历。遍历时按从简单问题到困难问题的顺序,并尽可能地使用价值较小的石堆来解决问题,即从目标值 1 开始遍历,先使用最小蓝色石堆,见参考代码 1 中的第 30 ~ 38 行。本方法中的排序操作使用优化后的冒泡排序算法,实现方法见例 11.4。

　　参考代码 1:

```
1    int t, n, blue_len, red_len;
2    int i, j, k, reachable_flag;
3    char s[1005] = {0};
4    int a[1005] = {0};
5    int blue_stone[1005] = {0}, red_stone[1005] = {0};
6
7    scanf("%d", &t);
8    while(t--)
9    {
10       blue_len = 0;
11       red_len = 0;
12       reachable_flag = 1;
13
14       scanf("%d", &n);
15       for(i = 0; i < n; i++)
16           scanf("%d", &a[i]);
17
18       scanf("%s", s);
19       for(i = 0; i < n; i++)   //遍历,根据输入的石头颜色将红色石头和蓝色石头分开
20       {
21           if(s[i] == 'R')
22               red_stone[red_len++] = a[i];
23           else if(s[i] == 'B')
```

```
24              blue_stone[blue_len++] = a[i];
25          }
26
27      bubbleSort(blue_stone, blue_len);  //蓝色石头排序
28      bubbleSort(red_stone, red_len);     //红色石头排序
29
30      for(i = 1, j = 0, k = 0; i <= n; i++)   //从目标值1开始枚举,先使用最小蓝色石堆
31      {
32          if(blue_stone[j]>=i && j<blue_len)
33              j++;
34          else if(red_stone[k] <= i && k < red_len)
35              k++;
36          else
37              reachable_flag = 0;
38      }
39      reachable_flag ? puts("YES"): puts("NO");
40  }
```

方法 2:使用分治法,首先需要为题目中"n 个石堆的石头数包含从 1 到 n 的所有数字"这一状态找到一个表现形式简单、易分解的等价态,即"分而治之"。通过分析,有一等价态为"石头数为 1 到 k 个的石堆均为蓝色,石头数为 k+1 到 n 个的石堆均为红色",其等价关系不难证明,读者可以自行推导。这样只需考虑蓝色能否填满前 k 个数,红色能否填满后 n-k 个数即可。

方法 2 实现要点:对红色和蓝色石堆的石堆数分别进行排序,然后分组判断红色和蓝色石堆是否能达到目标态,见参考代码 2 中第 5 ~ 14 行。如果都可以达到,则可以通过有限次操作使这 n 个石堆的石头数包含从 1 到 n 的所有数字。

参考代码 2:

```
1   //在排序之前,具体实现与"方法1"相同,具体见参考代码1
2   qsort(blue_stone, blue_len, sizeof(blue_stone[0]), CmpRise);
3   qsort(red_stone, red_len, sizeof(red_stone[0]), CmpFall);
4
5   for(i = 0; i < blue_len; i++)
6   {
7       if(blue_stone[i] < i+1)
8           reachable_flag = 0;
9   }
10  for(i = 0; i < red_len; i++)
11  {
```

```
12        if(red_stone[i] > n-i)
13            reachable_flag = 0;
14    }
15    reachable_flag ? puts("YES"): puts("NO");
```

本方法使用标准库函数的快速排序函数 qsort( )，需要自定义两个比较函数，可参考如下代码：

```
1    int CmpRise(const void *x, const void *y) //升序
2    {
3        if(*(int *)x > *(int *)y)
4            return 1;
5        else if(*(int *)x < *(int *)y)
6            return -1;
7        else
8            return 0;
9    }
10   int CmpFall(const void *x, const void *y) //降序
11   {
12       if(*(int *)x > *(int *)y)
13           return -1;
14       else if(*(int *)x < *(int *)y)
15           return 1;
16       else
17           return 0;
18   }
```

方法 2 采用快速排序 qsort( ) 来进行排序，用方法 1 的冒泡排序也同样可以。这里同一个例子采用不同算法实现，旨在启发读者，在练习时尝试一题多解，加强训练，编程水平就能越来越高。

11.7   算法设计：多项式乘法

编写一个程序实现两个一元多项式相乘，具体见输入输出的描述。

输入：两行。每行若干个不大于 10^7 的整数表示一个多项式的系数和指数（系数均大于 0，指数非负），数字之间用一个空格隔开，多项式 $a_n x^n + a_{n-1} x^{n-1} + ... + a_1 x^1 + a_0 x^0$ 的输入格式为：a_n n a_{n-1} n-1...a_1 1 a_0 0。每行读入的字符个数不超过 1 500 个。

输出：一行。表示输入的两个多项式相乘的结果，按指数逆序输出，输出格式与输入格式的含义相同。

样例：

样例输入 1	样例输出 1
1 10 2 20 3 30	3 40 2 30
样例输入 2	**样例输出 2**
2 2 1 6 3 1 2 1 3 0	2 7 3 6 4 3 12 2 9 1

样例解释：对样例 2，输入的两个多项式分别为 $2x^2+x^6+3x$ 和 $2x+3$，多项式相乘后的多项式为 $2x^7+3x^6+4x^3+12x^2+9x$。

难度等级：****

问题分析：本题有两种解法：方法 1，多项式的项数不确定，可以动态构建两个链表分别存放两个多项式的系数与指数，然后模拟多项式相乘的过程，将相乘后的系数和指数分别存储到另外一个新链表中，最后按要求输出。多项式相乘实际为两式每一项两两相乘再相加，两项相乘实际为系数相乘、指数相加，对于样例 2，可用图 11-6 所示的竖式相乘理解多项式相乘的过程。方法 2，读者可以回顾第 6 章的题 6.7 大整数乘法，两个大整数乘法的本质就是两个一元多项式乘法的特例，即多项式中的 x 取值为 10。例如对于本题中的样例 2，当 x 取值为 10 时，多项式就转换为 $2\times10^2+10^6+3\times10$ 和 $2\times10+3$ 相乘，即两个整数 1 000 230 和 23 相乘，其结果为 $2\times10^7+3\times10^6+4\times10^3+12\times10^2+9\times10$，即 23 005 290。因此本题可以参考题 6.7 的方法进行求解。

多项式1		x^6			$2x^2$	$3x$	
多项式2	×				$2x$	3	
$3x\times3$						$9x$	
$2x^2\times3$				$6x^2$			
$x^6\times3$		$3x^6$					
$3x\times2x$					$6x^2$		
$2x^2\times2x$			$4x^3$				
$x^6\times2x$	$2x^7$						
相乘结果	$2x^7$	$3x^6$			$4x^3$	$12x^2$	$9x$

图 11-6　多项式相乘过程示意图

方法 1（链表法）实现要点：首先定义链表节点的结构体，其数据部分包括两个整型变量，分别存储系数和指数，其定义代码如下所示。

```
1    typedef struct T
2    {
3        int coef;
4        int index;
5        struct T *next;
6    } T;
```

采用模块化设计思想，定义一个多项式读入函数，通过函数调用，分别读入两个多项式，完成动态构建存储两个多项式系数和指数的链表，函数的具体实现见如下代码。

```
7    void RemoveEnter(char str[]) //去掉行末回车及换行符
8    {
9        int length = strlen(str);
10       while(str[length-1] == '\n' || str[length-1] == '\r')
11           str[--length] = '\0';
12   }
13
14   void ReadPolynom(T *polynom_in)          //读取一个多项式并存入一个链表
15   {
16       char polynom[1505], *p;
17       int Getincoef, GetinIndex;
18       T *current = polynom_in;
19
20       fgets(polynom, 1500, stdin);
21       RemoveEnter(polynom);
22       p = polynom;
23       while(*p != '\0')
24       {
25           //用于读入的变量置零
26           GetinIndex = 0;
27           Getincoef = 0;
28           while(*p != ' ')                //读取系数
29           {
30               Getincoef = *p - '0' + Getincoef * 10;
31               p++;
32           }
33           p++; //跳过空格
```

```
34              while(*p != ' ' && *p != '\0') // 读取指数
35              {
36                  GetinIndex = *p - '0' + GetinIndex * 10;
37                  p++;
38              }
39              p++; // 跳过空格或 '\0'，因为行末现在有至少两个 '\0'，跳过一个不影响跳出循环
40              current->index = GetinIndex;
41              current->coef = Getincoef;
42
43              if(*p != '\0')
44              {
45                  current->next = (T *) malloc(sizeof(T));
46                  current = current->next;
47              }
48              else // 要使得链表封闭，以方便接下来的操作
49                  current->next = NULL;
50          }
51      }
```

在 main( ) 函数中采用双层循环结构，实现两个多项式逐项相乘（系数相乘指数相加），获得的结果存入一个链表中，按系数大小进行储存（系数相同的合并存在同一节点，系数不同的分别存入不同节点）。具体存储时，需要遍历已有链表，如果相乘后的指数与当前节点指数相同，则系数相加，存入当前节点；如果相乘后指数小于当前节点指数，则继续遍历；如果相乘后指数大于当前节点指数，则在当前节点前新增节点；如果相乘后指数小于各节点指数，则在链表最后新建节点，该部分的实现见参考代码第 103 ~ 111 行。

main( ) 函数内部的参考代码：

```
52  int index_after_mul, coef_after_mul;
53  T *first_polynom, *second_polynom, *output_polynom;
54  T *second_copy, *last, *current;
55
56  // 读入两个多项式并存入链表
57  first_polynom = (T *) malloc(sizeof(T));
58  ReadPolynom(first_polynom);
59  second_polynom = (T *) malloc(sizeof(T));
60  ReadPolynom(second_polynom);
61  second_copy = second_polynom;
62
63  // output_polynom 作为输出的记录符，从它的下一项开始是要输出的内容
64  output_polynom = (T *) malloc(sizeof(T));
```

```
65    output_polynom->index = (unsigned int) (1<<31) - 1;
66    output_polynom->next = NULL;
67
68    while(first_polynom != NULL)
69    {
70        while(second_polynom != NULL)
71        {
72            // 获得相乘后的指数和系数
73            index_after_mul = first_polynom->index + second_polynom->index;
74            coef_after_mul = first_polynom->coef * second_polynom->coef;
75
76            current = output_polynom;
77            while(current->next != NULL)
78            {
79                last = current;
80                current = current->next;
81                // 乘后指数与当前节点指数相同,则系数相加
82                if(current->index == index_after_mul)
83                {
84                    current->coef += coef_after_mul;
85                    current = output_polynom;
86                    break;
87                }
88                // 乘后指数小于当前节点指数,则继续遍历
89                else if(current->index > index_after_mul)
90                {
91                    continue;
92                }
93                else // 乘后指数大于当前节点指数,则在当前节点前新增节点
94                {
95                    last->next = (T *) malloc(sizeof(T));
96                    last = last->next;
97                    last->index = index_after_mul;
98                    last->coef = coef_after_mul;
99                    last->next = current;
100                   break;
101               }
102           }
103           // 乘后指数小于各节点指数,则在链表最后新建节点
```

```
104          if(current->next == NULL && current->index > index_after_mul)
105          {
106              current->next = (T *) malloc(sizeof(T));
107              current = current->next;
108              current->index = index_after_mul;
109              current->coef = coef_after_mul;
110              current->next = NULL;
111          }
112          second_polynom = second_polynom->next;
113      }
114      first_polynom = first_polynom->next;
115      second_polynom = second_copy;
116  }
117  current = output_polynom->next;
118  while(current != NULL)
119  {
120      printf("%d %d ", current->coef, current->index);
121      current = current->next;
122  }
123  return 0;
```

方法 2(数组版大整数乘法)实现要点:按本题的输入要求对第 6 章的题 6.7 大整数乘法的代码的数据输入部分进行修改,使用数组存储多项式的系数和指数,其中以指数为下标的数组元素存储对应项的系数,如函数 void ReadPolynom(int *, int *) 中的第 64 行,接下来保存最大指数。

主函数调用上述数据输入函数完成本题的数据输入。定义存储两个多项式系数和结果的 3 个数组,根据最大的指数确定数组大小(数组较大,定义全局变量)。由于计算结果按多项式的系数和指数输出,所以相比题 6.7 的参考代码,本题不需要处理进位,并且在输出时只输出系数不为 0 的数据项。

方法 2 参考代码:

```
1   #define N 10000002
2   void ReadPolynom(int num[], int *maxlen);
3   void RemoveEnter(char str[]);
4   int revA[N], revB[N], res[2*N];   // 根据最大的指数确定数组大小,数组较大,用全局变量
5
6   int main()
7   {
8       int len_a, len_b, len_max, i, j;
9       ReadPolynom(revA, &len_a); // 输入第一个多项式
10      ReadPolynom(revB, &len_b); // 输入第二个多项式
```

```
11
12          // 计算出初步的结果
13          for(i = 0; i < len_a; i++)
14              for(j = 0; j < len_b; j++)
15                  res[i+j] += revA[i] * revB[j];
16
17          len_max = len_a + len_b;  // len_max 表示乘积位数,它最长为两个操作数的位数之和
18
19          // 去除前导零
20          while(res[len_max - 1] == 0 && len_max > 1)
21              len_max--;
22
23          // 输出结果
24          for(i = len_max - 1; i >= 0; i--)
25              if(res[i] != 0)    // 系数不为 0
26                  printf("%d %d ", res[i],i);
27          return 0;
28     }
29
30     void RemoveEnter(char str[])                        // 去掉行末回车及换行符
31     {
32          int length = strlen(str);
33          while(str[length-1] == '\n' || str[length-1] == '\r')
34              str[--length] = '\0';
35     }
36     void ReadPolynom(int num[],int *maxlen)    // 读取一个多项式并存入一个链表
37     {
38          char polynom[1505], *p;
39          int Getincoef, GetinIndex;
40          int maxIndex = 0;
41
42          fgets(polynom, 1500, stdin);
43          RemoveEnter(polynom);
44
45          p = polynom;
46          while(*p != '\0')
47          {
48              // 用于读入的变量置零
49              GetinIndex = 0;
```

```
50              Getincoef = 0;
51              while(*p != ' ')                              //读取系数
52              {
53                  Getincoef = *p - '0' + Getincoef * 10;
54                  p++;
55              }
56              p++;   //跳过空格
57              while(*p != ' ' && *p != '\0')       //读取指数
58              {
59                  GetinIndex = *p - '0' + GetinIndex * 10;
60                  p++;
61              }
62              p++; //跳过空格或一个 '\0',因为行末现在有至少两个 '\0' 跳过一个不影响跳出循环
63
64              num[GetinIndex] = Getincoef;
65              if(GetinIndex > maxIndex)
66                  maxIndex = GetinIndex;
67          }
68          *maxlen = maxIndex + 1; //最大的指数加1,即当指数为 0 时,会有一个常数项
69      }
```

同样的,本题方法 1 的解法也适用于第 6 章的题 6.7,只需要修改输入为读入大整数,并在相乘结果之后增加进位处理。例如对本题中的样例 2,输入的两个多项式分别为 $2x^2+x^6+3x$ 和 $2x+3$,这两个多项式相乘后的结果为 $2x^7+3x^6+4x^3+12x^2+9x$。x 取值为 10,多项式转换为大整数时,若某项系数大于 9,则其系数需要向指数加 1 的一项进位,如图 11-7 所示为多项式转换有进位的整数的示意图。进位处理参考题 6.7 代码的第 24 ~ 32 行。

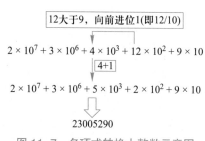

图 11-7　多项式转换大整数示意图

11.8 算法设计:计算区域面积

二维坐标系中,有一个以坐标原点为圆心的圆和一个三角形,圆的半径为 R,三角形的三个顶点坐标分别为 (x_1, y_1)、(x_2, y_2) 和 (x_3, y_3)。计算三角形区域在圆内的面积和圆形区域面积之比,并输出相应字符串。

输入:$n+1$ 行。第一行为一个正整数 $n(1 \leqslant n \leqslant 10^4)$,表示数据组数;每组数据一行,是 7 个浮点数,分别表示 R、x_1、y_1、x_2、y_2、x_3 和 y_3,其中 $-100 \leqslant R \leqslant 100$,$-200 \leqslant x_i, y_i \leqslant 200$,$\pi$ 取 3.1415926535。

输出:2n 行。对每组输入,输出两行,第一行输出面积之比和一个整数 num,其中 num 表示三角形的顶点在圆形区域外面的个数;第二行,如果面积之比小于 0.2 或者大于 0.8,输出 "Too bad!",否则输出 "Well,maybe not too bad"。

样例:

样例输入	样例输出
2 1.8380 24.1551 −12.0636 −2.5295 −11.7304 0.2741 −0.9617 1.4356 33.3340 103.7778 −3.6293 188.9652 0.0828 −2.9989	0.05 2 Too bad! 0.38 3 Well,maybe not too bad

难度等级:*****

问题分析:本题是一个典型的计算几何题和分类讨论问题。对复杂的三角形与圆交点情况进行分类的方式有多种,根据题目要求,可以通过三角形顶点在圆内的个数和在圆外的个数进行分类讨论,每一种分类的核心便是求三角形在圆内部分的面积。具体分类情况有以下 4 种:

(1) 三角形的顶点都在圆内,如图 11-8 所示,这种情况仅需计算三角形面积。推荐使用向量外积计算三角形面积,如图 11-9 所示是 $\vec{a} \times \vec{b}$,即由 $\vec{a}$、$\vec{b}$ 向量构成的平行四边形的矢量面积,再除以 2 并取绝对值即可得到三角形的面积 $S_{\triangle} = |\vec{a} \times \vec{b}| / 2$,此时三角形区域在圆形内的面积 $S = S_{\triangle}$。

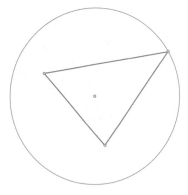

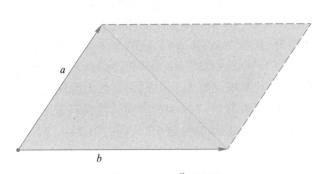

图 11-8　三角形 3 个顶点在圆内情况示意图　　　　图 11-9　$\vec{a} \times \vec{b}$ 示意图

(2) 三角形有两个顶点在圆内,如图 11-10 所示,可以使用 $S = S_{\triangle ABC} - S_{\triangle CDE} + S_{\text{扇形}ODE} - S_{\triangle ODE}$ 进行计算。

(3) 三角形仅有一个顶点在圆内。如图 11-11 所示,可以使用 $S = S_{\triangle ADE} + S_{\text{扇形}ODE} - S_{\triangle ODE}$ 进行计算。不难发现,当需要计算 DE 为优弧时,需要加 $\triangle ODE$ 的面积而非减去,此时使用向量计算的方法,可以获得值为负的面积,此时便依旧可以使用减法来处理这一问题,类似的还有一些情况,使用向量计算得到负面积可以简化计算,这里不再赘述。

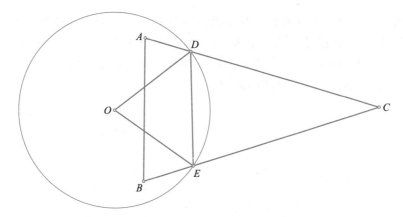

图 11-10　三角形 2 个顶点在圆内情况示意图

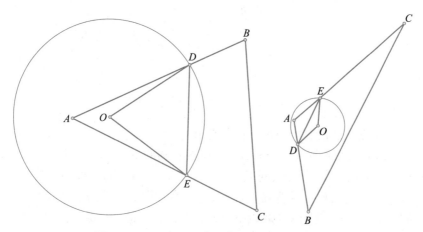

图 11-11　三角形 1 个顶点在圆内情况示意图

　　还需注意的是,如图 11-12 所示,当圆外两顶点所确定的边与圆有 2 个交点时,还需要减去这两个顶点对应的弦区的面积。

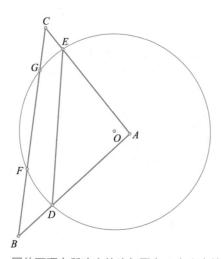

图 11-12　圆外两顶点所确定的边与圆有 2 个交点情况示意图

（4）三角形的三个顶点都在圆外。其示意图如图 11-13 所示,可以计算三边对应劣弧的弦区面积,若某边没有与圆相交,可记弦区面积为 0,判断距从圆心到最近的两条边的垂线的夹角是否为钝角,若是则用圆的面积减去三个弦区的面积得到相交区域的面积,反之则用最大的弦区面积减去其余二者得到相交区域的面积。

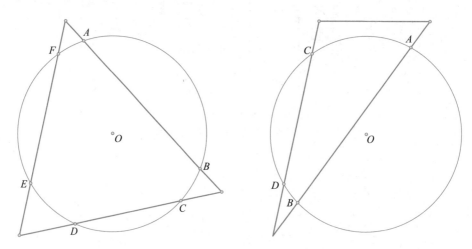

图 11-13　三角形无顶点在圆内情况示意图

综上所述,可根据不同情况的分析进行分类求解。

实现要点:具体实现时,先对三角形三个顶点到圆心的距离进行排序(见代码第 9 行),并且当三角形的三个顶点在圆外时,对其圆心与三角形三条边的距离进行排序(见代码第 74 行)。然后再计算相应的面积比较容易。此外,将一些常用的运算封装成函数进行复用,以减少代码量和程序编写错误。限于篇幅,以下代码仅给出计算的主框架,相关的自定义函数请读者自行完成。

参考代码片段:

```
1     scanf("%d", &n);
2     while(n--)
3     {
4         scanf("%lf %lf %lf %lf %lf %lf %lf", &r, &x1, &y1, &x2, &y2, &x3, &y3);
5         rc2 = r * r;
6         Ac = pi * r * r;
7         SortPt(&x1, &x2, &x3, &y1, &y2, &y3);
8
9         if(!JudgeIntersection(r, x1, x2, x3, y1, y2, y3)) // 判断三角形与圆是否有交集
10        {
11            area = 0.00;
12            v_out_cir = 3;
13        }
14        else
```

```
15          {
16              v_out_cir = (CcVecNorm(x1,y1)>r)+(CcVecNorm(x2,y2)>r)+(CcVecNorm(x3,y3)>r);
17              switch(v_out_cir)
18              {
19          case 0:   //三角形在圆内
20              area = 0.5 * fabs((x1 - x3) * (y2 - y3) - (y1 - y3) * (x2 - x3));
21              break;
22          case 1:   //三角形有一个顶点在圆外
23              GetVector(x1, x3, y1, y3, &edge1_x, &edge1_y);
24              GetVector(x2, x3, y2, y3, &edge2_x, &edge2_y);
25              GetRVector(&R1_x, &R1_y, r, x3, y3, R1_x, R1_y);
26              GetRVector(&R2_x, &R2_y, r, x3, y3, R2_x, R2_y);
27              GetEdgeVector(R1_x, R1_y, x3, y3, &edge1_in_x, &edge1_in_y);
28              GetEdgeVector(R2_x, R2_y, x3, y3, &edge2_in_x, &edge2_in_y);
29              //记三角形为 ABC,AC 与圆交于点 D,BC 与圆交于点 E
30              //triangle_area1 为三角形 CDE 的面积
31              //triangle_area2 为三角形 ODE 的面积
32              //triangle_area3 为三角形 ABC 的面积
33              //sector_area 为扇形 ODE 的面积
34              triangle_area1 = 0.5*fabs(edge1_in_x*edge2_in_y - edge1_
                in_y*edge2_in_x);
35              triangle_area2 = 0.5*fabs(R1_x * R2_y - R1_y * R2_x);
36              triangle_area3 = 0.5*fabs(edge1_x * edge2_y - edge1_y * edge2_x);
37              sector_area = 0.5*acos((R1_x * R2_x + R1_y * R2_y) / rc2) * rc2;
38              area = sector_area - triangle_area2 + triangle_area3 - triangle_area1;
39              break;
40          case 2:  //三角形有 2 个顶点在圆外
41              GetVector(x1, x2, y1, y2, &edge1_x, &edge1_y);
42              GetVector(x1, x3, y1, y3, &edge2_x, &edge2_y);
43              GetRVector(&R1_x, &R1_y, r, x1, y1, edge1_x, edge1_y);
44              GetRVector(&R2_x, &R2_y, r, x1, y1, edge2_x, edge2_y);
45              GetEdgeVector(R1_x, R1_y, x1, y1, &edge1_in_x, &edge1_in_y);
46              GetEdgeVector(R2_x, R2_y, x1, y1, &edge2_in_x, &edge2_in_y);
47              //记三角形为 ABC,AB 与圆交于点 D,AC 与圆交于点 E
48              //triangle_area1 为三角形 ADE 的面积
49              //triangle_area2 为三角形 ODE 的面积
50              //sector_area 为扇形 ODE 的面积
51              triangle_area1 = 0.5*fabs(edge1_in_x*edge2_in_y - edge1_
                in_y*edge2_in_x);
```

```
52          triangle_area2 = 0.5*fabs(R1_x * R2_y - R1_y * R2_x);
53          sector_area = 0.5*acos((R1_x * R2_x + R1_y * R2_y) / rc2) * rc2;
54          area = sector_area - triangle_area2 + triangle_area1;
55          // 如果 BC 与圆有两个交点，则需要减去对应的弦面积
56          GetVector(x2, x3, y2, y3, &edge1_x, &edge1_y);
57          GetVerticalVector(x3, y3, edge1_x, edge1_y, &pedal1_x, &pedal1_y);
58          vertical_len1 = CcVecNorm(pedal1_x, pedal1_y);
59          area -= CalculateChordArea(vertical_len1, r);
60          break;
61     case 3: // 三角形 3 个顶点都在圆外
62          GetVector(x2, x3, y2, y3, &edge1_x, &edge1_y);
63          GetVerticalVector(x3, y3, edge1_x, edge1_y, &pedal1_x, &pedal1_y);
64          GetVector(x1, x3, y1, y3, &edge1_x, &edge1_y);
65          GetVerticalVector(x3, y3, edge1_x, edge1_y, &pedal2_x, &pedal2_y);
66          GetVector(x1, x2, y1, y2, &edge1_x, &edge1_y);
67          GetVerticalVector(x2, y2, edge1_x, edge1_y, &pedal3_x, &pedal3_y);
68
69          // 交换圆心到三角形三条边的垂足,使三条垂线由短到长排列
70          SortPt(&pedal1_x, &pedal2_x, &pedal3_x, &pedal1_y,
                &pedal2_y, &pedal3_y);
71          vertical_len1 = CcVecNorm(pedal1_x, pedal1_y);
72          vertical_len2 = CcVecNorm(pedal2_x, pedal2_y);
73          vertical_len3 = CcVecNorm(pedal3_x, pedal3_y);
74
75          if((vertical_len1 >= r) && (vertical_len2 >= r) &&
                (vertical_len3 >= r))
76          {
77              area = Ac;   // 圆在三角形内
78          }
79          else
80          {
81              A1 = CalculateChordArea(vertical_len1, r);
82              A2 = CalculateChordArea(vertical_len2, r);
83              A3 = CalculateChordArea(vertical_len3, r);
84              if(pedal1_x*pedal2_x + pedal1_y*pedal2_y < 0)
85                  area = Ac - A1 - A2 - A3;
86              else
87                  area = A1 - A2 - A3;
88          }
```

```
89          default:
90              break;
91          }
92      }
93
94      area_ratio = area / Ac;
95      printf("%.2lf %d\n", area_ratio, v_out_cir);
96      if(area_ratio < 0.20 || area_ratio > 0.80)
97          printf("Too bad!\n");
98      else
99          printf("Well, maybe not too bad\n");
100 }
```

本题的代码比较长,这也是计算几何题通常的特点。该题需要考虑的问题比较多,对数学要求也比较高。从编程的角度上讲,本题并不难,但需要特别细心,考虑问题也需要全面,把各个子功能封装为函数,能有效避免出错。

11.9 本章小结

C 语言只是一种编程工具,程序设计的核心还在于数据结构和算法。针对具体问题,特别是稍微复杂的综合性问题,其解决过程需要结合数学、物理等综合知识。本章较为基础地从问题分析和优化方法等方面对综合性问题的求解,特别是数据结构选择和算法设计方面进行了分析和实现,希望给读者以启发,在编程入门后能不断强化"重分析强设计"的编程思维训练。

参 考 文 献

[1] 宋友,王君臣,肖文磊,等.C语言程序设计——原理与实践 [M].北京:高等教育出版社,2022.

[2] 尹宝林.C程序设计导引 [M].北京:机械工业出版社,2013.

[3] Kernighan B W,Ritchie D M.C程序设计语言 [M].2版.徐宝文,李志,译.北京:机械工业出版社,2019.

[4] 颜晖,张泳.C语言程序设计实验与习题指导 [M].4版.北京:高等教育出版社,2020.

[5] 孟爱国,彭进香.C语言程序设计实验实训教程 [M].北京:北京大学出版社,2018.

[6] 苏小红,王宇颖.C语言程序设计 [M].北京:高等教育出版社,2011.

[7] 武建华,邱桔,严冬松.C语言程序设计实验教程 [M].北京:清华大学出版社,2018.

[8] 张小峰,宋丽华,解辉.C语言程序设计习题集与实验指导 [M].北京:清华大学出版社,2015.

[9] 许真珍,蒋光远,田琳琳.C语言课程设计指导教程 [M].北京:清华大学出版社,2016.

[10] 梁海英,陈振庆,张红军,等.C语言程序设计 [M].2版.北京:清华大学出版社,2020.

[11] 潘玉奇,蔺永政.程序设计基础(C语言)习题集与实验指导 [M].2版.北京:清华大学出版社,2014.